JN142637

新建叢書―❷　新建築家技術者集団・京都支部編

すまい・まちづくりの明日(あした)を拓く

―京都の実践―

天地人企画

はじめに

新建築家技術者集団（以下、新建）は、会員が業務やそれぞれの属する新建支部の活動等としてかかわってきたことを集約し、これからの建築やまちづくりに関する考え方や具体的な課題を世に問うことをめざして、継続的な出版の企画を開始しました。

一昨年（2016年）11月には「新建叢書」というかたちで、マンションの修繕工事のあり方を検討した『大規模修繕どこまでやるの　いつやるの』（大阪支部会員・大槻博司著、天地人企画）を発刊し、それに続いてこの度、同様の趣旨で、新建京都支部が京都において会員が積み重ねてきた「住み手主体の住まいづくり、市民主体のまちづくり」への提案や市民運動との連携の経験を『すまい・まちづくりの明日を拓く——京都の実践』としてまとめた一書をここに公表することになりました。

本書の構成は、次のようになっています。

第Ⅰ部　京都の伝統としての住民の共同の取組み
第Ⅱ部　歴史的街区や既成市街地での居住様式の再生・継承
第Ⅲ部　地域密着の施設づくりのビジョン

端的に言って、新建京都支部の会員は、支部の内輪にこだわらず互いに協力し合える建築家・技術者、研究者などの専門家とともに、業務も含めて京都のまちづくり、住まいづくりにおいて市民・住民の立場から共同・協力の関係を大切にし、それをもとに職能のあり方を軸にして広く社会とのつながりを構築し続けてきました。この共同の関係の構築は、これで十分というものではなくまだまだその途上にあり、むしろ、そのあり方に関する問いかけが地域のまちづくり運動、住まいや様々な福祉関係の施設づくりの市民や地域住民の共同の運動、活動によって絶えず私たちに投げかけられているというべきでしょう。

したがって、本書の最も重要な目的は、支部会員が個人として、あるいは新建京都支部として、または業務としてかかわってきた事例をもとに、そしてまた、意思を通じ合える技術者の皆さんとともに、市民と共有し共同して伝え広めるべき建築とまちづくりの教訓をまとめることにあります。そうすることにより、京都のまちづくり、住まいづくりそして、施設づくりの未来を展望し、広範な市民との間に大きな共感を拡げて行きたいと思っています。

本書で汲み取っていただきたいことは、まちづくり、住まいづくりにおける京都の伝統的な住民の共同――それは地域に住み続け、暮らしを守り豊かにするための地域住民同士の協調と協力のかたちなのではないかと思います。1980年代に中曽根内閣が推進する「民間活力導入」の掛け声のもと、開発ラッシュが京都の中心市街地などで引き起こされた時、町家などが次々に消滅し、高層マンション等に姿を変えました。そのような開発によって京都の伝統的な町家住まいの様式が断絶し続け、歴史的な伝統を有する市街地の環境が壊されるようになったのです。地域住民は居住環境の破壊という市街地の変貌を、戦乱によって京都を焼け野原に変えた「応仁の乱以来のまちこわし」といいました。

市街地の環境改変をこのように表現したのは、京都の中心市街地における高層マンションラッシュが、歴史的に育まれて来た伝統を地域の隅々に根づかせている暮らしの基盤の崩壊そのものであることへの危機感を市民の間で共有させるものであったからです。これは、暮らしを支える共同の住民同士のつながり、共同体的な力、すなわち古来、町衆と呼ばれて来た地域住民の力が生きていることを示すものでした。

筆者は、大学の研究室（当時は京都大学建築学教室）でワシントンポスト、ニューヨークタイムズの記者の取材を受けたときのことを思い出します。そのときの印象を書き留めていますので、ここで紹介いたします（筆者「『まちづくり憲章』運動は歴史を拓く」『ねっとわーく京都「まちづくり憲章」全記録』1990年12月号、現・特定非営利活動法人ねっとわーく京都、4ページ）。そこには、次のような部分があります。

「記者の共通の関心事の一つは、多くの市民がのっぽビル、高層マンション、『財テク』マンションは京都に合わないと反対しているのに対し、市は何故、業者の開発を許すのかということであった。

彼らは、日本には民主主義はないのかとも言った。欧米の市民社会の常識からはおよそ想像もつかないといった印象を持ったようだった。

『まちづくり憲章』運動は、欧米の市民社会で定着している民主主義的権利と共通する人権の拡大と位置づけて良いのかも知れない。」

かつて高層マンション問題を契機に取り結ばれた、例えば「東山・白川まちづくり憲章」(1988 年 6 月 11 日、堤町　町内総会、東山・白川の町並みを守る会）の第一項目は、「一、豊かな環境を守り育てることはわたくし達のつとめと権利です」としているように、私たちはまさにまちづくりの主体は地域住民とする義務と権利の確立が必然であるということを学び、その人権拡大の道にこそ市民、住民との共同の意義があることを確認してきたと思います。

本書の各章からは、執筆者の論旨からはもちろんのこと、それぞれのテーマ・実践例を通じて、利用者から、あるいは施設等の運営主体としての福祉法人とそれを支える様々な組織等の活動の内容から、そして地域住民のその共同のありのままの姿に、人間の尊厳を守り、そのための人権保障の必然の流れを読み取っていただけるものと思います。なお、各章の冒頭には、章の導入として簡単な説明を付してありますので、ご活用ください。

以上、歴史的街区、歴史的市街地を成す居住地において、私たちは、本書の出版を契機に、住民のこのような共同の運動に合しつつ、建築とまちづくりの職能人としてさらに次の段階を目指して努力して行きたいと決意しております。

2018 年 6 月

編集チームを代表して

片方信也

もくじ

第 I 部

京都の伝統としての住民の共同の取組み

第1章

「京都計画88」の提案

1980年代に、高層マンションの開発と同時に大規模な再開発計画が地域コミュニティや町並みを大きく改変する形で生活空間に持ち込まれるようになってきました。

地域住民は、各地で開発への異議申し立ての運動を展開し、その過程で建築やまちづくりの技術者、研究者たちとの連携が広がって行きます。それだけではなく、立ち上がった住民のみなさんも、各地の取組みとの交流を次第に求めるようになり、京都全体の将来像を共有しようとする意識を明確に示すようになってきた経過があります。

私たちは、各地の住民運動との共同を進めつつ、1964年に将来像を「京都計画」（西山研究室）という形で提案した新建築家技術者集団の代表幹事でもあった西山夘三京都大学名誉教授（当時）の指導も仰ぎながら、たがいに京都全体の目標像を共有できることを目指して、「京都計画88」の提案に挑戦しました。

1　京都のまちの将来像をめぐって
――「京都計画88」の取組み

(1) はじめに

「京都計画88」は、市民住民サイドから京都のまちの目標像を描いた試みです。京都は「四神相応（しじんそうおう）の地*」として平安京が造営され、三山に囲まれ、南に開かれた盆地に、碁盤目上のコンパクトな市街地がつくられました。以来今日まで、都心部にも人が多く住み続けてきました。そのことが、他の日本の百万人都市とちがうところです。

1980年代後半のいわゆるバブル経済のなかで、とくに「田（た）の字」地域といわれる御池通・河原町通・五条通・堀川通で囲まれる地域への地上げ・住民の追い出し・高層マンション化ラッシュ、同時に大文字山へのゴルフ場計画、洛北の一条山（モヒカン山）開発問題、鴨川ダム建設計画などの自然環境破壊が目白押しという状態でした。

今流行のWin-Winのあり方を考えようというような状況ではなく、少なくとも当時、なかば問答無用に開発を進めていくデベロッパー、それらを容認する行政のもと、住民が安心して住み続けることすら危い状況という、どちらか立てれば片方立たずの明確な対立構図がありました。そうした「まちこわし」に対して、それぞれ住民運動が取り組まれましたが、同時にそれらをつなぐ「住環境を守る・京のまちづくり連絡会」や「水と緑を守る連絡会」、また高速道路に反対する「京都道路問題協議会」がつくられてきました。

そのようななか、1988年の年のはじめ、新建築家技術者集団（新建）京都支部のメンバーが中心となり、それぞれの運動の目標をつなげて、完全に住民サイドにたった目標像をつくろうと取組みをはじめました。直接の作業は、新建京都支部の有志と京都大学工学部建築学科の片方信也先生の大学院生グ

---

* 東に青龍（鴨川）、西に白虎（山陰街道）、北に玄武（船岡山）、南に朱雀（巨椋（おぐら）池（いけ））という四つの神を宿した地として都造営がなされたと言われています。

高層マンションに挟まれた町家
（堀川四条上る、1989年）

ループで進めました。新建のメンバーは仕事をかかえながら、京大にでかけて議論をかわしたり、デベロッパーの高層マンションに対する対案の共同住宅の図面を描いたり、模型をつくったり。大学院生グループも、そのような交流や実際に住民運動の現場にでかけるなかで、住民の立場に立った研究・提案に自然に取り組むことができていったのではないかと感じています。

「京都計画88」という名前は、1964年京都大学建築学科の西山夘三研究室がつくった「京都計画」の考え方を受け継ぐものとして、だれ呼ぶこともなく決まっていったようにも記憶しています。

(2)「京都計画88」の概要

「京都計画88」は、当時の「都市計画」のもつ問題をあざやかに浮かび上がらせるカウンターイメージでした。提案は多義にわたりましたが、わたしがポイントと考えている部分を紹介したいと思います。

①居住圏の計画

都心部は商業やオフィスビルが建ち並び、人が住みにくいところ、住宅は郊外へ郊外へと押し出されて広がっていくのが行政による「都市計画」の示す同心円型の大都市の姿です。少なくとも京都は、都心部に友禅や西陣といった地場産業をもち、職住一体の町家という併用住宅に今も多くの人が住み続けている希有な大都市です。安心して住み続けられるまちにするためには、「都市計画」を替えて、地場産業なども含めた働き場、地域商店街、公共施設などを、それぞれの居住圏で生活を成り立たせていくことができるま

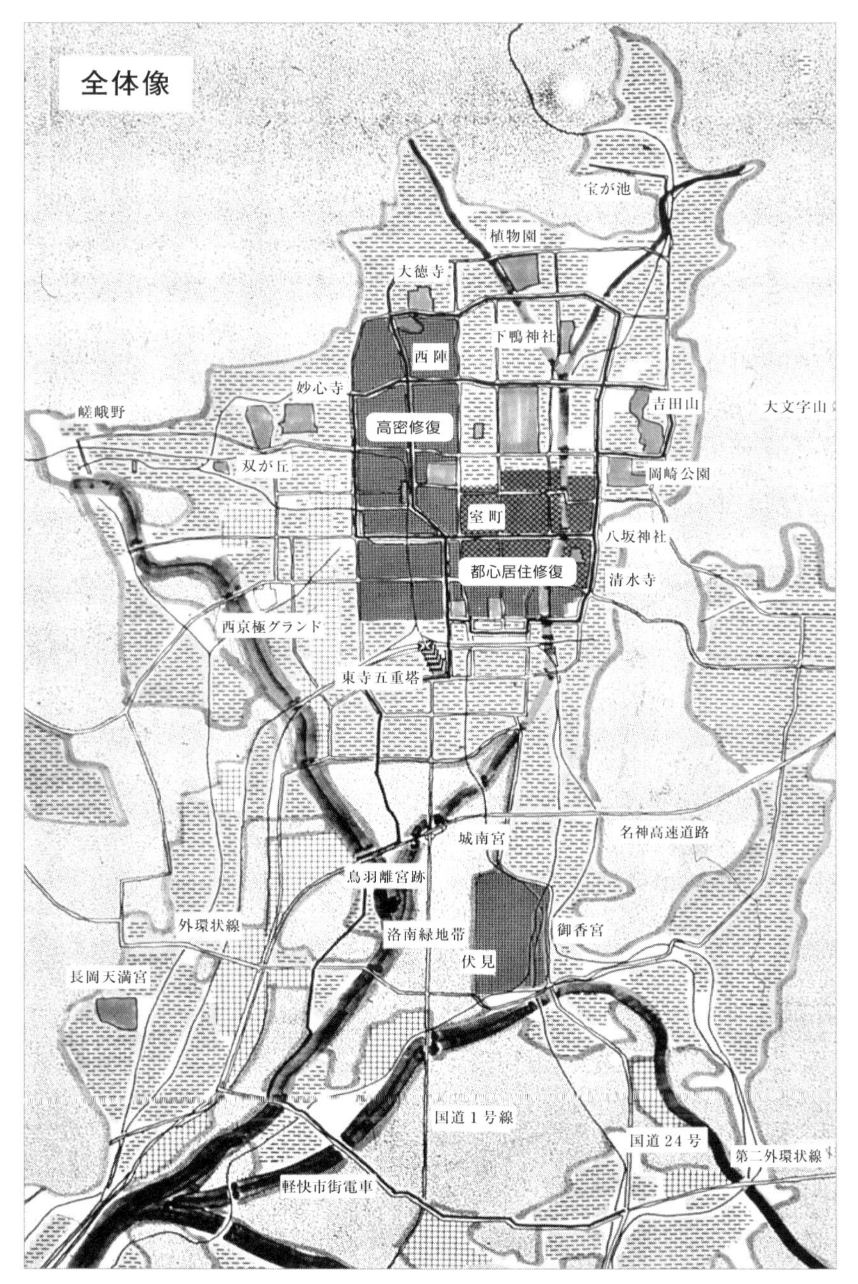
全体像
宝が池
植物園
大徳寺
下鴨神社
西陣
妙心寺
吉田山
大文字山
嵯峨野
高密修復
双が丘
岡崎公園
室町
八坂神社
都心居住修復
清水寺
西京極グランド
東寺五重塔
名神高速道路
城南宮
鳥羽離宮跡
外環状線
洛南緑地帯
御香宮
伏見
長岡天満宮
国道1号線
国道24号
第二外環状線
軽快市街電車

「京都計画88」の全体像

「京都計画 88」生活道路のイメージ図

ちづくりに転換しようという提案です。

②交通計画

当時、京都市南部には複数の高速道路計画が進められていました。これに対しては、新しい市街電車導入による公共交通を中心とした市全体の交通体系と、都心部での歩行優先を追求した計画への切り替えを提案しています。都心部については、業務交通を抑制する土地利用への転換と通りを生活空間の一部として自動車からとりもどすことを課題としています。

③自然環境・景観計画

京都市が2007年に導入した「新景観政策」、それは建物の高さ規制の強化による町家群のつくりだす歴史的都心部の景観保護と三山の山並への眺望の確保を目的とするものです。しかし当時は、「景観の評価は個人によって異なる」（ので何が景観破壊かは決められない）という理屈のもと、高層ビルがどんどん建てられたり、自然環境も破壊されていったのです。

大文字山ゴルフ場の立体模型（1988 年）

「京都計画 88」では、当時まちなかを中心にひろがった「まちづくり憲章・宣言」の運動のなかでおおむね四階建て程度の建築物という内容がうたわれていること、景観の価値

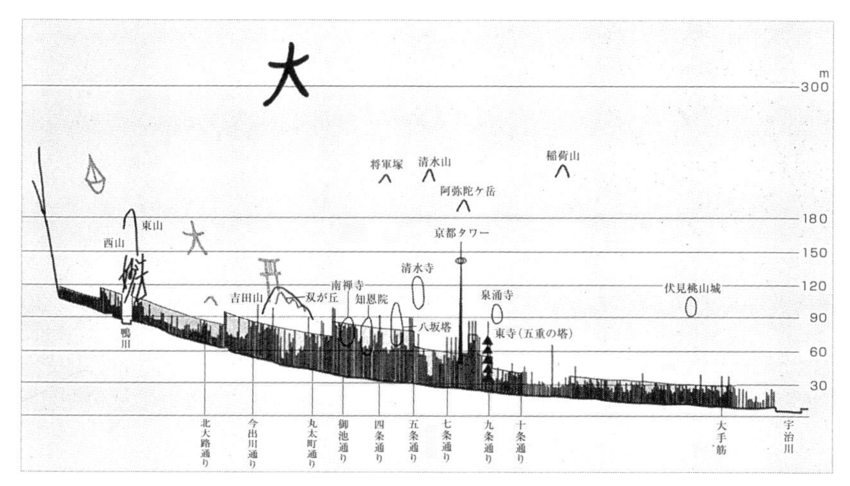

「京都計画88」眺望景観の検討（京都盆地南北断面図）

は客観的に評価でき、大多数の人が共有できるものであるとの立場から、全域にわたる高層建築物を規制する景観計画を提案しました。

大文字山の市内から見えない部分でのゴルフ場計画、そして鴨川上流でのダム建設についても、鴨川集水域がすべて宅地化することを前提に必要とされた計画であることもあきらかにし、それらの撤回を求めました。

（3）「京都計画」その後

この「京都計画88」は、1988年11月、清水寺を借りて、40枚を超える大判パネルの展示とシンポジウムというかたちでお披露目を行うことになります。そこでは、「こうなったらええな。でもこれ、どうやって実現するねん？」という来場者の言葉もありました。

私たちが目指したのは、「京都計画88」をもとに住民・市民のいろいろな思いや意見が集約され、住民が共有する目標像の原形づくりでした。

この後、1992年、京都市は「北部三山の保存、都心部の再生、南部の創造」とした、その実、都心部と南部の開発路線を継続する方針を打ち出しま

路地の住環境と景観を破壊する
高層ビル（京都市下京区）

す。対して「住環境を守る・京のまちづくり連絡会」が京都市全体を「包括的保存」地域とする構想案を発表し、京都全体の将来像を問う論争へとつながりました。

バブル崩壊後、一時的な高層マンション・ビルラッシュは下火になったように思われましたが、実は当時をしのぐ大規模マンションの幹線道路への乱立、当時よりも広範な市街地への四、五階建て中小規模マンションの増加など、当時と違うかたちで京都のまちはどんどん変わっています。まちづくり連絡会代表だった木村万平さんがバブル時代から毎年行ってきたマンション調査を引き継ぎ、新建築家技術者集団京都支部が2000年をすぎて行った2度の調査によってわかったことです。

あれから、京都全体のまちづくりを問うような論争は表立ってはなくなったように思います。しかし、あの頃の住民の取組みが、20年の歳月を経て新景観政策を結実させていく原動力になったことは、間違いない実感です。

【小伊藤直哉】

2　祇園祭が危ない——百足屋町の運動

（1）「まちこわし」を振りかえる

京都は世界的にも有名な歴史都市です。にもかかわらず、たびたび「まちこわし」ともいえる荒波が京都に押し寄せてきています。私はそれを三つに区分して考えられるのではないかと思っています。ここでは主に「第一のまちこわし」を中心に、少しその歴史を振り返ってみます。

「第一のまちこわし」

第一番目の「まちこわし」は、1986年ごろに始まったバブルの時期に起こりました。全国的な地価の急騰を背景にした民間開発業者による市街地の食い荒らしです。それは1991年ごろのバブル崩壊の少しあとまで続きました。この時期、京都の各地で、分譲マンションの建設ラッシュが起こりました。中心市街地や、郊外にある中規模、大規模敷地が狙われました。京都の市街地での住まいを支えていた借地借家の大規模な地上げを伴っていたのも大きな特徴でした。

この時期に、特筆すべき住民の運動が起こりました。その一つが「まちづくり憲章」です。自分たちのまちに建てられようとしている住環境に大きな影響を与えかねないマンションに、ただ単に反対するだけでなく、町内の人たちが、自分たちのまちの住み続けるための目標像、例えば三階建てを超えるマンションなどは建てないという合意を明文化し、宣言する運動です。「まちづくり憲章」は各地のマンション反対運動の中に、またたく間に広がっていきました。

もう一つの貴重な運動は、マンション建設に反対する住民の連絡組織「住環境を守る・京のまちづくり連絡会」の結成です。後で紹介する百足屋町の木村万平さんが中心になって呼びかけた運動組織です。連絡会の活動は各地の運動と交流し、住民を励ますとともに、運動の中に多くの成果を生み出しました。

「第二のまちこわし」

バブル経済の終盤からの時期、第一の民間開発業者による「まちこわし」が沈静化した頃に、「第二のまちこわし」が始まりました。それは「行政主導によるまちこわし」と言ってもいいのではないかと思います。

例えば、1990年、当時の京都ホテルが60 mの高さのホテルに建て替えるという計画がもちあがりました。計画を受けて、京都市は建物の高さや容積率の緩和規定である建築基準法の総合設計制度の実施要項を整備し、この計画の実現を後押ししました。

ほぼ同じ時期に、京都駅ビルの建替え計画が発表されました。いくら民営化されたとはいえ、重要な公共施設ですから、市民の声を無視して建て替えるわけにはいかないはずです。ここでも都市計画法の特定街区という緩和規定が動員され、大規模なホテルとデパートが中心の建替えが強引に実行されました。

学校の統廃合もこの時期にスタートしました。

また、1997年、京都市は鴨川にパリのセーヌ川に架かるポンデザールという橋を架ける計画を突然打ち出しました。あまり唐突で乱暴な計画だったため、多くの市民の反対によって京都市は翌年には計画を断念します。

しかし、このような「まちこわし」に対する住民の運動は、2007年に実現した京都市の新景観政策に大きな影響を与えることになりました。

「第三のまちこわし」

今まさに「第三のまちこわし」が押し寄せてきています。今起きているまちこわしは、これまでの「まちこわし」とは少し様子が違うようです。人口減少を背景にした地方創生政策、空き家問題、なりふりかまわぬ観光政策による宿泊施設や文化財の観光資源化など、国ぐるみのまちこわしが京都のまちを食い物にしているように思います。

さて、ここで紹介する百足屋町（むかでやちょう）のマンション建設反対の運動は、まさに「第一のまちこわし」の時期に闘われた創意工夫に満ちた粘り強い住民運動でした。今の、あるいはこれからも起こるかもしれない「まちこわし」に対する住民の運動にとって、大変示唆的な内容をもっているのではないかと思っています。

（2）祇園祭が危ない

京都のまちの本格的な夏の始まりを象徴する祭りである祇園祭は、千年以上の歴史を持つといわれ、京の町衆の手によって引き継がれてきました。その祇園祭の主役ともいえる山（やま）や鉾（ほこ）を守り続けた町が山鉾町（やまほこちょう）です。京都の歴史的市街地にある山鉾町の一つに、祇園祭の山鉾巡行の最後をしめくくる南観音山を出す町・百足屋町があります。百足屋町は新町通四条上ルのあたりにあり、当時は職住が入り混じった落ち着いた低層のまちでした。

マンション計画と「守る会」の活動

バブルの真っ最中の1987年、この百足屋町で、路地を含んだ大規模な地上げが行われ、やがて某大手ディベロッパーが高層マンションを計画していることが分かりました。百足屋町の人たちは、このままでは祇園祭も山鉾町も崩壊するという危機意識に立ち、計画地のすぐ北側に住んでいた木村万平さんたちを中心に「山鉾町の町並みと担い手を守る会」（「守る会」）を結成し、運動に立ち上がります。「守る会」には町内の89％（47戸）の人たちが参加しました。住民の要求の切実さを感じさせます。

これまでも山鉾町にマンションが建つ例はいくつかありました。ところが、急激に押し寄せてきた地価高騰の中で建ちはじめたマンションは、そのほとんどが法規制の限度いっぱいで計画され、投機目的で売り買いされることが多く、人の住まない高層マンションが、周囲の住環境を無視し、歴史都市京都の町並みを見下ろすように虫食い状に林立するということになってしまいました。

しかも、地価の高騰を抑えるべき責任を負っているはずの京都市は、建物の容積や高さを大幅に緩める規制緩和を強行しました。このままでは、祇園祭を担う人もいなくなり、住環境の破壊が連鎖的に山鉾町を崩壊させます。祭りとまちを守り、後世に伝える責務を自覚したところに、単なるマンション建設反対運動ではない「守る会」の運動の重要性があります。

「まちづくり宣言」の採択

「守る会」は粘り強い運動を展開し始めました。その一つに、伝統と近代化の調和した新しい山鉾町を未来に向けて創り上げていくことを謳った「百足屋町まちづくり宣言」(まちづくり憲章)の採択があります。宣言は、

①地上げを許さない。

②ワンルームマンション建設を認めない。

③山鉾の先端(南観音山は18 m)を超えない町並みの保存。

④山鉾町にふさわしいデザインの追求、近隣の環境保全。

⑤史跡表示などの復活・新調。

の5項目にまとめられました。まさに、まちづくり運動の宣言でした。

(3) マンションの自主設計

粘り強い交渉を続けながら、住民自身の学習の成果をふまえ、山鉾町にふさわしいマンションを住民の側で自主的に設計し、ディベロッパーに提示することにしました。ちょうどその頃、まちなかの住環境を破壊しかねないマンション反対の住民運動の高まりなどを背景にしながら「京都計画88」という構想計画づくりの作業を始めていた私たち新建築家技術者集団・京都支部(新建京都支部)の「まちづくり部会」と京都大学工学部の片方信也先生を中心とした学生グループで、このマンションの自主設計に専門家として協力することになります。

「守る会」の要求は、入居者の定住を重視すること、日照・通風・路地の利用などの既存秩序を重視すること、近隣住民も含めたコミュニティスペースを確保することなど、祇園祭を守り、担い手である町衆が安心して住み続

けられるまちをなんとしも守りたいという住民の側のこれ以上譲ることのできないぎりぎりの要求でした。

「守る会」の人たちを含めた討論やグループでの論議、学習や現地調査を繰り返し行う中で、要求にもとづいた設計の基本方針を煮詰めていきました。

山鉾町の街区割の特徴や発達した路地をどう生かすか、個別に進行している住宅の更新や改善、宅地の空地化やビル化・駐車場化に山鉾町にふさわしい方向性をどう与えるか、歴史的にみた街区内の人口推移からマンションの戸数をどう設定するか、等々が議論の中心となりました。

その結果、次のような基本方針で設計を進めることになりました。

①まとまりのある生活空間の創造 —— 表通りの町家の高層化、路地裏の住宅の個別更新などによる居住環境の悪化に対して、まとまりのある生活空間を創り上げるための方向付けを提案する。

②路地居住を守る —— 表通りと路地の関係を生かし、とりわけ路地のもつ積極的な性格を重視する。

③表通りの景観を守る —— 表通りの町並みに配慮し、建物の高さは南観音山の高さである 18 mを限度とする。

④コミュニティの重視 —— 近隣とのコミュニケーションを考慮したスペースの確保と同時に、分譲共同住宅としての採算性を検討しながら、歴史的にみた居住人口を考慮した戸数を設定する。

こうした方針のもとにつくられた設計案は、計画趣旨書、設計図書、採算計画書、模型などにまとめられました。容積率約 202%、表側（通り側）五階建て・裏側（路地側）三階建て、高さ約 17 mという案です。

つくられた設計案は住民との論議を経

百足屋町マンション自主設計案模型　（写真提供：神谷潔氏）

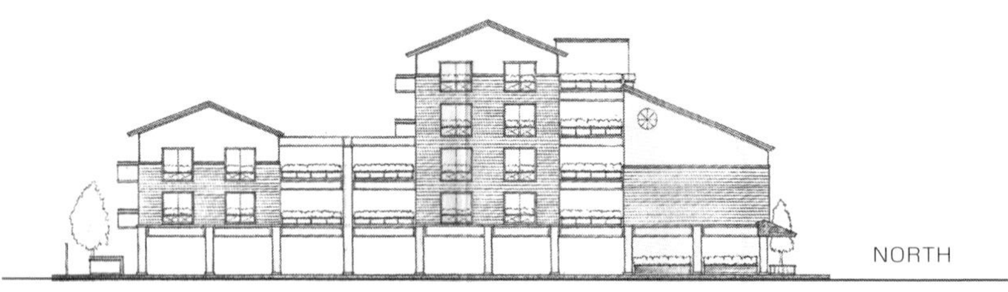

百足屋町マンション自主設計計画案　北立面図（山鉾町マンション委員会）

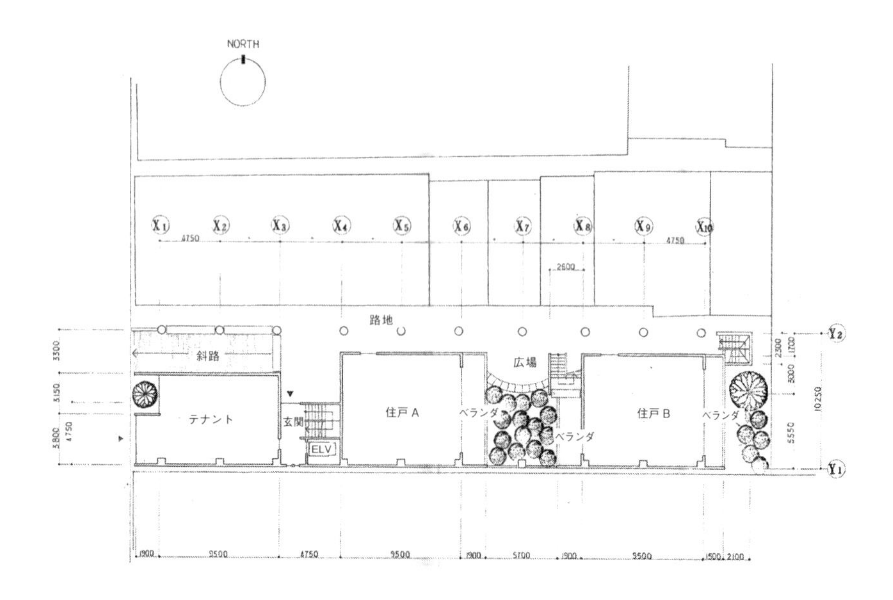

百足屋町マンション自主設計計画案　配置図・１階平面図（山鉾町マンション委員会）

ディベロッパーのボリューム模型を町並み模型に落とし込んでみたもの

自主設計案模型を町並み模型に落とし込んでみたもの　（写真提供：神谷潔氏）

て、「守る会」によってディベロッパーとの交渉の席で提示し、ディベロッパー側の案も同時に提示されました。その案は、容積率約400%、表側九階建て・裏側七階建て、高さ33 m、いずれも法規制いっぱいの案で、町並みと近隣の居住環境への配慮を全く欠いたものでした。

（4）百足屋町のその後

その後、ディベロッパーは計画を断念し、地元の業者に土地を売って撤退しました。マンション反対の運動としては画期的な出来事でした。

木村万平氏の著書『京都破壊に抗して――市民運動20年の軌跡』（かもがわ出版、2007年）で、この運動が成功した背景が考察されています。運動の立上がりが早かったこと、マスコミの全面援護を受けることができたこと、ていねいな組織づくり、本質論争を展開したこと、そして自主設計案を提示したことなどです。

私たち建築・まちづくりの専門家が果たした役割を、住民運動の側が評価してくれたものでした。

【久永雅敏】

3 「二条の森」構想

（1）西ノ京の町

中京区の西側、西ノ京、聚楽廻、壬生の界隈は、格式ある町家が並ぶ祇園祭山鉾町一帯とは趣が異なり、長屋と路地が複雑に連なる地域です。

千本通は平安京の中央を貫く朱雀大路であり、古代以来の歴史をたたえる地域ですが、近世以降、京都の中心は東に移り、西ノ京一帯は近代に改めて町の姿が形づくられます。友禅や木材業、中小の事業所が立地し、商工業都市として発展した京都を支える人々の住む町として歴史を刻んできました。

山陰本線の二条駅は京都西北部、丹後、丹波、山陰から京都に入る玄関でした。広大な貨物ヤードは、往時の二条駅の役割の大きさを伝えるものでした。二条駅舎は、御池通の「ドンツキ」にあって、木造入母屋造で貴賓室が中に残る味わい深い駅舎でした。

西ノ京・壬生の町並み

（2）「二条駅周辺地区整備計画」

1980年代に、京都市の「平安建都1200年記念事業」の一環として、「二条駅周辺地区整備計画」が打ち出されました。後に、二条駅地区土地区画整理事業として13.2haの事業区域で施行された事業です。

事業は、土地区画整理と「新都市拠点整備事業」によって実施されることとなっており、（8.2haの）貨物ヤード跡地と長屋が並ぶ住宅地を含む区域を区画整理事業によって基盤整備を行い、民間の「インテリジェンスビル」や商業施設を導入するとされていました。当時、国鉄の分割民営化（1987年）前から全国にある国鉄の大規模跡地が開発計画の焦点となり、汐留や大阪駅など各地の大規模開発が動こうとしていました。京都市は、二条駅周辺の「副都心化」をうたっていました。

旧ＪＲ二条駅（駅舎）

旧ＪＲ二条駅（貨物ヤード）

（3）西ノ京まちづくり協議会と中京まちづくり懇談会

地元住民にとっての焦点は、この事業が土地区画整理事業であったことにありました。区画整理によって山陰本線の下を東西に貫く御池通を含めた基盤整備を行い、「新都市拠点」を導入する、つまり借地借家を含めた小規模住宅が集中する地区における減歩を行い、結果として整えられる都市基盤の上に巨大な施設を導入しようとする事業に、区域内住民は反発しました。区画整理への抵抗は、「二条駅周辺再開発を見つめる会」、「小倉町を守る会」の結成、さらに周辺を含めた「西ノ京まちづくり協議会」につながりました。中京のまちづくりを考える「中京まちづくり懇談会」も西ノ京の動きを、中京、京都全体の問題の中で受けとめました。

「まち協」「まち懇」は、交通量の増加、商業ゾーンの導入による地元商店への影響、住環境の悪化など、地域に与える影響を分析し、区画整理事業の予定区域内にとどまらない京都のまちづくりの重要な問題として事業をとらえました。

（4）「二条の森」構想へ

「二条駅周辺地区整備」への対案を「京都計画88」の中で作成することになりました。進められようとしている大規模プロジェクトは、地域の歴史、特質、そして現在抱えている課題に応えるものではないことを浮き彫りにする必要がありました。

「二条の森」の模型

検討は、西ノ京の地域を改めて見つめて共通認識を確認することから始まりました。足

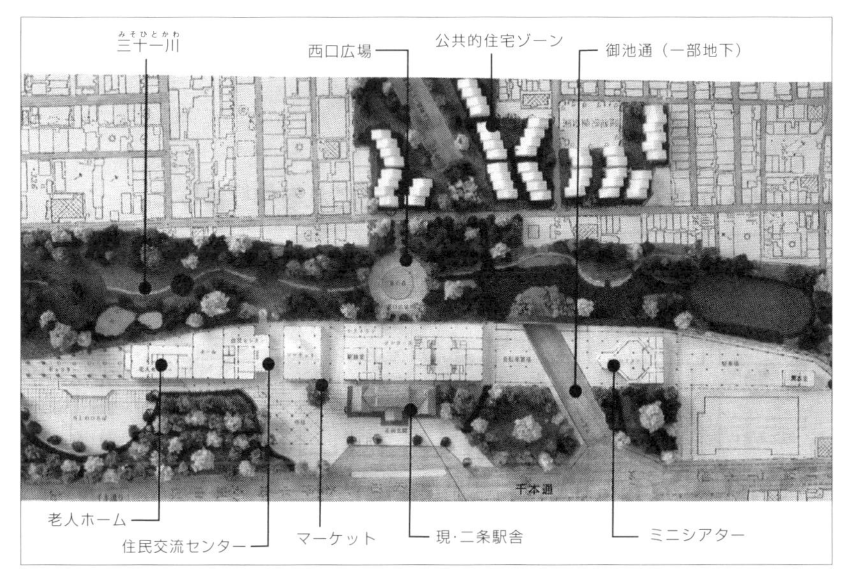

「二条の森」の模型

元を見渡し、課題を列挙しました。

西ノ京は、平安京大内裏跡から南に広がる歴史的遺産に囲まれた地域ですが、歴史をたどる道筋が整備されていません。緑地と公園に乏しく、高密な住宅地としての住環境の改善が求められています。

友禅の染色業と地下水、壬生の湿地など水に縁が深い地域ですが、貨物ヤード跡地付近には三十一川の流れが隠れています。二条駅周辺の友禅染色業、材木業、北に連なる西陣織物業の町の入口として、二条駅は要の位置にありました。地場産業を支える拠点が重要です。

このような検討を重ねる中で、計画案は「二条の森」に定まりました。二条駅周辺を歴史、自然、環境の再生拠点としようというメッセージを「森」づくりとして打ち出す構想です。要点は以下のものとなりました。

①御池通は一部地下化により東西を貫通させ、山陰本線を高架化し、高架下と合わせて二条駅舎を活用します。

②その上で区域全体を大胆に緑化します。三十一川に水を取り戻し、遊歩

道と池を設置、桜並木、梅林を配置して帯状の森が西ノ京の町に生まれます。

③区画整理事業では事実上は区域内住民の立ち退きが余儀なくされると考えられましたが、御池通の貫通とともに中低層の公共住宅を区域西側の高密住宅ゾーンに配置します。周辺の住宅地の整備の目標像を示す事業を進めることになります。

④高架下に施設を導入することができるので、ミニシアター、朱雀二条や三条の商店街が出店するマーケット、デイケア・デイサービスを含む高齢者の交流とサポートの施設、住民交流センターなどを設置します。

⑤駅舎の一部には西陣、友禅、木材業や京都府北部物産の展示販売の場と、朱雀大路歴史資料の展示の場を組み込みます。

⑥「二条の森」を中心として地域の歴史、自然環境の回復を計ります。高架脇の遊歩道や歩行者優先道の整備を進め、二条駅から、二条城周辺、神泉苑、壬生寺などをめぐって二条駅に戻るという周遊ルートを構想します。

二条の森構想は、機能導入による「活性化」一辺倒の大規模プロジェクトに対して自然環境と住環境の回復を対置したものですが、開発計画の当たり前の方法を率直に示したものとして振り返ることができます。

地域の生活の中に見える課題と隠れた課題を読み取ること、固有の自然と歴史の条件のもとで築かれた町が向かう方向をつかむこと、土地は地域の中にあり、個々の土地の未来と地域の将来を重ねて構想すること、これらメッセージを緑にこめた「二条の森」の模型は地域の診療所に展示され、西ノ京まちづくり協議会の大判のチラシとなってアピールされました。

その後、区画整理事業は実施され、二条駅周辺は大きな変貌をとげ、旧二条駅舎も原位置に残りませんでした。

それでも「二条の森」構想は、その土地に隠された力と、ありえたかも知れない未来を想像させる鏡として、その役割を終えていないと思うのです。

【清水 肇】

第2章

市民と共同のまちづくり運動

近年、様々な利益優先の開発主義の事業計画が日常の暮らしの場、地域生活空間に持ち込まれることが多くなってきたことを反映して、住民が自ら居住する地域生活空間を守り発展させることを市民の当然の権利としてはっきりと主張するようになってきました。建築家も、どんな開発計画に関与する場合でも職能人としての社会的責任のあり方が鋭く問われことになります。

市民と共同する私たち技術者は、そのような背景を意識し、地域住民とのまさにその共同の過程で住民運動の発展の歴史的重要性を知ることになります。町中の町内会や問題の発生をきっかけに形成される協議体などは、はっきりと町内のまちづくりの目標を明文化して掲げ、開発業者や京都市の対応を要請していますが、そこには江戸時代初期ごろから登場する幕府への伺いのかたち（「起請文」と言われます）を取った「町式目」という町の申し合わせの取結びの伝統が生きていることを知ります。その側面に、運動に生きる歴史的意義の一端があるということです。

1　伏見のまちづくり活動

(1) まえがき

昭和50年代以降、京都市内においてマンション建設ブームが起こり、伏見でも、日本酒不振による酒造会社の経営悪化が重って酒蔵跡地でのマンション建設が急増しました。1981年10月に、川口酒造跡地における等価交換方式のマンション建設計画が発表され、寝耳に水の地元住民は近隣町内会でマンション対策協議会をつくって反対運動が始まります。

川口酒造跡地のマンション（下は往時の川口酒造）

反対運動は、弁護士や専門家の支援を得て南浜学区全体の活動に広がり、全国からも注目されました。建設反対のための裁判は「町並み権裁判」として注目されましたが、住民の強力な反対運動、各方面からの支援にもかかわらず、現行法規の中では問題が追及できず、1983年10月の仮処分申請却下で裁判に敗れ、翌年8月のデベロッパーとの協定書調印で反対運動は終了しました。

反対運動に参加した住

民の間では「住民の間でできあがったつながりを生かし、協力していただいた人々に何か返すべき」との想いから、その後の住民主体の多様で長期にわたるまちづくり活動が展開されます。

筆者（石本）の伏見での活動は、1983年11月設立の「伏見のまちづくりをかんがえる研究会」発足以降が主で、マンション建設反対活動の休止から20年近くが経過していますが、研究会のまちづくり活動の展開とその後について整理してみます。その当時の発表資料を振り返りつつ、伏見のまちづくり活動で得た教訓を、他のまちづくり活動にどのように反映させ、進化させたかということを念頭に整理を行います。

（2）伏見のまちづくりとの関わり

筆者は、京大の学生による自主グループ「古建築ゼミ」に参加して活動しましたが、独自の研究対象地区として伏見を選び、伏見の酒蔵や町家の調査を行いました。その成果を『京大建築会報』（1974年）に発表し、その内容が『歴史の町なみ——京都編』（NHKブックス、1979年6月）の「伏見」で紹介されました。その中に掲載された「酒造り博物館計画図」（筆者作成）が、現在の月桂冠大倉記念館の整備につながったことを後日聞きました。

1982年に伏見のマンション反対運動に出会い、それを契機に伏見の多様な活動に参加しました。筆者は、マンション反対運動の取組みには直接に関わることが少なく、「伏見のまちづくりをかんがえる研究会」設立以降の活動にのめり込みました。まちづくりプランナーとしては駆け出しで、伏見でのさまざま

酒造り博物館の計画図（「京大建築会報」1974年から）

なまちづくり活動に学び、以降の京都を中心としたまちづくりプランナーとしての活動の基礎を学ぶことができました。

（3）「伏見のまちづくりをかんがえる研究会」の活動

「伏見のまちづくりをかんがえる研究会」の設立

マンション反対運動と並行して、主婦を中心に「町並み通信社」が作られ、町を見直し、町の良さを掘り起こすため、『町並み』誌の発行が続けられました。今後の伏見のまちづくりを考えるためには様々な分野の専門家の参加が必要との認識から、「伏見のまちづくりをかんがえる研究会」として発展しました。研究会では「伏見の財産である歴史的な環境をまちづくりに生かし、自分たちが受け継いだこのまちの住み良さを、次代を担う子どもたちに伝えていくこと」を目的に活動しました。

「伏見まちづくり館」（まち館）の活動

会員所有の空き家であった町家を「伏見まちづくり館」（「まち館」）と名付け、まちづくり活動の拠点としました。「まち館」には伏見の歴史に関する資料や全国のまちづくりに関する資料や絵本などが置かれ、開館時は自由に閲覧でき、貸出も行いました。

①月１回の例会開催

「まち館」では毎月テーマを設定し、講師報告後、出席者で自由討議を行いました。例会準備のため、地元で月１回集まり、例会の方針を決めました。例会では地元在住の郷土史家や教師の方に、古代から近代に至るまでの伏見の歴史を幅広く学ぶ学習会も開催しました。

②子どもたちを対象の活動

「まち館」では子どもを対象に、地元の「油（あぶら）かけ地蔵」にまつわる話をとりあげ、子どもと一緒に脚本を作り、人形を作り、地蔵盆には大学のサークルの支援を得て、子どもたちがお寺さんで上演しました。また、会員の指導のもと、竹とんぼ作りや親子合作の凧作りなどを行い、手作りの良さを子どもたちに味わってもらいました。
③交流拠点、情報発信拠点としての活動

「まち館」は時折、全国でまちづくりに携わる人や海外の研究者の方の宿としても利用され、おいしい伏見のお酒を飲みながら交流を深め、情報収集とともに、情報発信拠点としても活用しました。

『町並み』誌

『町並み』誌の発行

町並み通信社が中心となり、伏見のまちづくりの情報発信として『町並み』誌を年に３～４回のペースで発行しました。町並み誌の取材から原稿の清書、製本まですべて手作りで、かなりの時間を費やし、町内会でも回覧して頂き、多くの読者に支えられていました。

酒蔵再利用の試み

酒蔵は生産の場、貯蔵の場で、大規模木造建築物のため、用途転換に際してはなかなか再利用の方向が見いだしにくく、会では全国、海外の事例を学習し、いくつかの提案の企画を実施しました。
①酒蔵コンサート

「まち館」のオープン記念事業として、月桂冠大倉記念館のご協力を頂き、酒蔵コンサートを実施しました。以降、大倉記念館では定期的なコンサートや落語会まで幅広い活用につながりました。
②酒蔵シンポジウム

伏見には手頃な会合の場所も少ないことから、酒蔵の中に椅子を並べ、手

酒蔵コンサートの試み

作りの会場設営を行い、シンポジウムを開催しました。全国町並みゼミ幹事会の際の「伏見まちづくりシンポジウム」や世界歴史都市会議記念の地域シンポジウムなどが行われました。

③酒蔵結婚式

会のメンバーの方の結婚式を酒蔵で開催し、お二人の門出を祝い、全国からまちづくり活動のメンバーが集まり、祝福しました。

「お地蔵さん」の調査

1984年に会ではトヨタ財団の研究コンクールに応募し、「京都伏見における酒づくりの歴史的環境をいかしたまちづくりとこそだての手づくりの良さの研究」というテーマで調査研究に取り組みました。

この調査が伏見のまちで子どもの育ちと生活空間との関わりに目を向けるきっかけとなり、京大建築学教室と一緒に「町内に残る地蔵盆の調査」を実施しました。その調査結果をまとめ、トヨタ財団と㈶伏見信用金庫地域協力金の出版助成を得て、『子育ての町・伏見――酒蔵と地蔵盆』（都市文化社、

1987年）を発行することができました。

（4）伏見のまちづくり活動のその後

伏見のまちづくり活動は、研究会設立の1983年から1991年6月の第13回全国町並みゼミ京都大会の事務局としての活動など、精力的な活動が継続されました。しかし、会の中心メンバーであった岡田喜美子さんの急逝を機に活動の低迷化を迎え、中心メンバーの高齢化も重なり、2000年に研究会は休会を迎えることになりました。

「まち館」を活動拠点に1980年代から90年代に展開された様々な伏見の市民まちづくり活動は、現在ではどこでも取り組まれている内容です。まちづくり活動拠点としての町家の再利用、地域の憩いの場の提供、子どもたちが週末に安心して遊び、学ぶ場の提供と運営、まち館を拠点に国内外のまちづくり活動家や研究者との交流、地蔵盆調査を通じての子育て空間の研究など、改めて振り返りますと、これだけの活動を30年前に、それも10年以上にもわたって活動継続できた伏見の住民の底力に驚きです。

これらの取組みはメンバーのフリーな意見交換の中から生まれ、自然と担当者が決まり、自然と継続した取組みで、金銭的な支援はなく、すべて住民のボランティア活動の蓄積でした。よく、伏見の活動は「一周早すぎたまちづくり活動」と話しますが、今振り返ってもそのように実感します。

（5）伏見のまちづくり活動からの教訓

伏見桃山コープマンション建設反対の取組みから得た教訓

川口酒造跡地におけるマンション建設に伴う反対運動の概要や関わった住民のみなさんの思いは1995年2月発行の『伏見・町並み権訴訟・住民運動の記録』（伏見桃山コープマンション対策協議会刊）に詳細に記載されていますので、住民の反対運動に寄せた想いに接してください。私がマンション建設反対運動で学び、今も心に残る以下の2点について整理します。

①歴史的景観保全への市民の訴え

1970年代後半、京都でも産寧坂（さんねいざか）や祇園新橋地区で重要伝統的建造物群保存地区の指定で町並みへの関心が高まりますが、これは線的な取組みであり、伝統文化保全と観光振興側面が重要視されました。しかし、伏見の酒蔵や町家の町並み保全への取組みはもっと広い範囲を対象に、伝統産業と生活文化の保全に向けた取組みでした。歴史的景観権の提起は伏見の運動が最初で、裁判で歴史的景観権は認められませんでしたが、その後全国的な歴史的景観保存の取組みの先鞭をつけたのは伏見の町並み運動でした。

現在、京都市では「歴史的景観の保全に関する具体的施策」の検討が進められていますが、すでに30年前に伏見のまちづくり活動の中で市民が問題提起して取り組んだことに改めてその先見性に驚きます。

②「伏見景観協定」

1983年5月に、周辺9カ町373軒が、歴史的な町並みを守るため、「伏見の歴史的町並みを生かす景観協定」を締結します。「町並みは空気のようなもの、みんなのもの」とされた西山夘三先生の監修と聞いています。「住み良い地域社会、伏見らしい町並みを生かしたまちづくりは一人一人の意識から生まれます。歴史的町並みを生かして後世に誇れるまちを残せる様、住民自らが心がけてゆくことを約束する心の協定」を地域で自主的に結んで、地域でコンセンサスを作り上げていくこの取組みは、その後の京都で起こるいろいろな「まちづくり憲章」の取組みにつながります。

筆者も、多くの反対運動を契機とした市民のまちづくり活動に参加し続けていますが、この伏見景観協定が提示した「こころ」を市民に訴え、必ずまちの将来を共有する「まちづくり憲章（ビジョン）」づくりを最初の取組みとして実践しています。

研究会活動に参加して学んだこと

1980年代半ばから十数年間継続した「まち館」を拠点とした住民主体の多様なまちづくり活動に、専門家として未熟な私が20歳代から30歳代後半の参加を通じて、まちづくりプランナーの基礎技術を学び、以降の活動の原点となりました。

京都市内でその後も発生するマンション建設問題の反対運動等への支援活動を継続し、学び続ける中、反対運動が契機のまちづくり活動で、関係住民のコンセンサスづくりのもと、持続的なまち運営につなげる活動展開の重要性を発信し、まちに対する関係者の「価値観の共有をめざすこと」が私のまちづくりへの基本姿勢となりました。

第13回全国町並みゼミ京都大会（1990年）

伏見の活動を通じて毎年「全国町並みゼミ」へ参加、その結果、第13回全国町並みゼミ京都大会（1990年）の事務局長としてゼミの企画・運営を経験しました。この全国町並みゼミを通じて、全国の活動家や大学の先生と交流できたこともまちづくりプランナーとして大切な財産であり、そのつながりを大切に今も守り続けています。

（6）伏見のまちづくり活動の蓄積を今に生かす

伏見のまちづくり活動がきっかけで、1995年から都心部の姉小路（あねやこうじ）界隈でのマンション反対運動を支援しました。その取組みの中で、江戸時代のまちのルール「町式目（ちょうしきもく）」を学び、姉小路界隈のまちづくりビジョン「姉小路界隈町式目（平成版）」を作成しましたが、その際には「伏見景観協定」を何度も読み返し、その基本思想を大切に取り込みました。

以降、京都市内の数多くのまちづくり活動支援地区において、まちの価値共有に努め、まちづくりビジョン作成から地区計画策定の流れを実践しました。三条小橋商店街地区の「三条小橋商店街町定（まちさだめ）」（2005年）、伏見納屋町地区の「納屋町おだいどこ宣言」(2007年)、左京区大原・小出石(こでいし)地区の「小出石町十二門暮し」(2008年)、向日(むこう)市西向日地区の「西向日　桜並木のまち憲章」(2012年)、河原町商店街地区の「河原町ぶらり宣言」(2012年)、大原・戸寺(とでら)地区の「大原戸寺　花の里　めでたいづくし宣言」(2012年) 等々、多くのまちづくりビジョンを住民のみなさんと時間かけて作り続けました。私のまちづくり活動の基本理念である「ここちよいまちをめざして」は、伏見での経験が基盤となっています。

しかし、前述の「伏見・町並み権訴訟・住民運動の記録」の総括の中で、伏見のまちづくり運動は「互いに助け合う地域コミュニティの大切さを訴え、人間のスケールでまちづくりを行うこと」の重要な問題提起をしたことを確認しつつ、「運動することで初めて前進できたことをきちんと評価しておくことが必要であった」と分析しています。私自身も伏見の活動に育てられながら、その後は他地区での多く活動に精力を傾ける中で、原点である伏見の活動を十分に分析し、発信してこなかったことに強い責任を感じています。

今回の執筆を契機として、伏見の活動だけではなく、20世紀後半の京都市内で展開された先進的な市民主体のまちづくり活動を今一度見直し、現代のまちづくり活動にその情報を発信することが重要であると再認識しました。

参考文献

「ショーチューに敗け、裁判に敗け」(『週刊新潮』1985年5月23日号)
石本幸良「建築とまちづくり——伏見のまちづくり運動に参加して」(新建築家技術者集団、1986年8月)
石本幸良「町を見直す——京都・伏見の事例」(『滋賀の経済と社会』1989春季号、財団法人滋賀総合研究所、1989年3月)
『伏見わが町：伏見・町並み権訴訟・住民運動の記録』(伏見桃山コープマンション対策協議会、1995年2月)

【石本幸良】

●コラム

まちづくりグループ「ふしみBa」のこと

まちづくりにおいて、地域住民ひとりひとりが自治の担い手としてどう発達し、共同・連帯意識をどれだけ進められたかという視点、これが大切であると思います。

まちづくりが単なるまちの造形ではないのは自明です。地域が空洞化していくなかで、住民の自治意識と共同・連帯意識の高揚こそ、今後ますます重要と思います。この点、暉峻淑子『対話する社会へ』（岩波新書）、中野民夫『ファシリテーション革命』（岩波アクティブ新書）などを読んで意を強くしています。

障がい者の発達理論において「発達保障」という概念があるように、地域住民が自治精神・批判的科学的精神を磨く「発達保障」についての理論構築のようなものが求められていいのではないかと思うのです。

一方通行の知識・情報の伝達でなく、ワークショップ的な参加の仕方が、まちづくりの市民活動だけでなく、教育、企業、行政でも普及しているのだそうです。指導するものとされるもの、先生と生徒のタテの関係だけでは一人一人の主体性、個性を引き出すのに限界があるというのです。

筆者が信州で、学生時代に薫陶をうけた渡辺義晴先生（哲学、倫理学）が創設に関わった「長野県地域住民大学」はまさに、住民が組織する住民のための自己教育、社会教育の実践道場だと思います。

信州には、宮本憲一先生を囲む著名な「信州宮本塾」もあり、これらは信州の自由民権運動、農民学習、労働者・青年教育などの長い民主主義を獲得する闘いの延長に位置するものと思

伏見は軍都でした。いまも、龍谷大学の交差点にこんな標識が…

「若冲ロードを行く」と銘打って、若冲ゆかりの石峰寺界隈をフィールドワーク

伏見桃山の黄檗宗海宝寺「若冲筆投げの間」での若手音楽家の演奏会

われます。

筆者は、「伏見地域住民大学」構想を抱き続けてきました。その構想の一端を「ふしみBa」というメンバー４人の小さい伏見地域づくりグループに投影できつつあると思っています。

「ふしみ an カレッジ」と銘打った地域住民大学のチラシ

「Ba」とネーミングしたのは、いろいろな意味を含めるためです。場所、局面、場合、場面など時間も空間も指します。テーマは、伏見の古道、深草の竹、若冲と石峰寺、海寶寺、琵琶湖疏水、種子法……。

小さいグループもいいものだと、最近つくづく思います。この小さな住民グループは2016年春に結成されました。世話人メンバーは、元私立女子大学の心理学教授、元私立高校学校長の教育家２人、喫茶店店主、登記測量事務所所長（筆者）の中小企業経営者２人の４人衆です。

まちの片隅で住民同士がユックリ言葉を選びながらとことん議論する。力が沸いてくるように思います。

【田中敏博】

2　京都駅改築市民設計案づくりの取組み

訪れる人を驚かすような大空間で、すっかり有名になったＪＲ京都駅ですが、建替え（改築）計画発表の時から、その巨大さや改築案の中味が、とりわけ周辺の人たちに問題を投げかけました。そして、地元の人たちを中心にして、改築計画案に反対する対策協議会がつくられ、様々な運動がくりひろげられました。私たちも、建築・まちづくりの専門家集団として、この運動に参加し、住民や駅に関わる多くの人たちとの共同の取組みのなかで、一定の役割を果たすとともに、多くのことを学びました。

残念ながら駅の改築は強引に進められ、1994年にオープンしましたが、運動を振り返りながら、建築家の社会的な役割についても、あわせて考えてみたいと思います

（1）建替え事業の経過

ＪＲ京都駅の建替え構想は、京都市が1983年に設立した「平安建都1200年記念事業推進協議会」に始まります。その後、ＪＲ西日本、京都市、京都府が一体になった「京都駅開発準備会社」（のちの「京都駅ビル開発会社」）がつくられ、1990年8月に京都駅改築の実行計画を発表します。

当時の京都駅は、無計画な増改築や、地下街や市営地下鉄との接続、増え続けるマイカーによる混乱など、改善すべき点が数多くありました。駅の利用者や市民にとっては、このような現状の解決が最優先の課題でした。しかし発表された計画は、駅というより大規模なホテル、商業施設、ホールなどを中心にした営利優先の巨大な雑居ビルに建て替えるというものでした。

そして、それに異を唱える市民の声を無視して、1990年11月に京都駅改築設計競技を「国際的コンペ」と銘打って強行することになります。コンペ

要項によると、先の実行計画に加えて、「高さについては都市計画上の所要の措置が得られるものと仮定する」となっており、京都の景観への重大な危機を感じさせるものでした。

京都は、三方を山に囲まれた盆地を中心に歴史的な市街地が広がるコンパクトなまちです。それだけに、三山と建物の高さの関係は、京都の景観にとって致命的ともいえる重要な意味を持っています。そのため、京都市は1973年、全市にわたって都市計画による高度地区を指定し、建築物の高さを規制しました。場所によっては45 mの高さを許容するなど規制の不十分さはあったものの、これによって歴史都市京都のまちの基本構造ともいえるスカイラインが守られてきたと言えます。

ところが、京都ホテル（現ホテルオークラ）の改築計画を受けて、1988年に建築基準法の「総合設計制度」の取扱要項を策定することによって、60 mの高さまで規制を緩和してしまいました。これまでも高層マンションによる住環境の破壊はたびたび起こり、住民の反対運動が活発に行われてきましたが、これほど大きな規制緩和は初めてで、京都の景観への挑戦ともいえるものだったと思います。同じことが京都駅ビルでも起きるのではないか、という不安が市民の間に広がっていきました。

12月になって、私たち「新建築家技術者集団・京都支部」（新建京都支部）はコンペ参加者と審査員などに公開質問を行い、何人かからの回答を得ました。

しかし、1991年5月にはコンペの審査結果が発表され、原広司氏の案が採用されました。高さ約60 m、幅は京都の街区（約120 m）の四つ分に当たる約470 mという巨大なものでした

（2）運動の経過

京都駅建替え問題対策協議会

京都駅の改築計画に対する住民の運動は、1990年6月の「京都駅建替え問題対策協議会準備会」に始まりました。駅とその関連施設で働く労働者、地域の商工業者、地元の住民や幅広い市民などが、「住民や利用者本位の駅と

周辺のまちづくりをめざそう」という呼びかけで集まったものです。

９月には「京都駅建替え問題対策協議会」（対策協議会）が多くの団体や個人によって結成されます。そして、参加した人たちの要求をまとめて、市民的な討論を呼びかけるとともに、京都駅開発準備会社、京都市、京都府に対して申し入れを行います。しかし、回答は一切しないという不誠実な対応に終始しました。

市民アンケート

その後、対策協議会は市民アンケートに取り組みます。地元の下京区の12,000世帯にアンケート用紙を配り、747人の回答が集まりました。アンケート結果については後で少し触れますが、建替え計画に反対する声や、住民の意見を聞きながら計画を進めるべきだという回答が圧倒的多数を占め、ＪＲ西日本が主導する建替え計画に多くの市民が厳しい批判の目を向けていることがわかりました。

アンケート結果を受けて、引き続き京都駅開発準備会社、京都市、京都府への申し入れを行いながら、地元での意見交換を行いました。地域住民、商店街、旅館業者の人たちです。また、駅に近い東西本願寺や東寺にも協力要請を行っています。今思えば、実に幅広い人たちに対して運動を展開したものだと感心します。

その結果、この建替えによって、

・京都の良さがなくなる。

・大型店の出店によって地元業者への影響が心配。

などの意見がだされ、数多くの人たちが住民不在の建替え計画に対して不安を抱いていることが明らかになりました。

京都駅市民設計委員会

このような活動を続けながら、市民の側から建替え計画案を提示しようという声が高まります。1990年10月、対策協議会を中心にして、建築・まちづくりの専門家である私たち新建京都支部のグループや京都大学の若手の研究者たちが参加し「京都駅市民設計委員会」（市民設計委員会）を立ち上げます。活動の詳細は後で述べますが、駅利用者へのアンケートや駅や駅周辺の土地利用などの状況の実態調査、周辺地域の主要交差点での交通量調査などを行い、1991年5月に「市民のための京都駅設計案」を完成させました。

住民訴訟の取組み

同時に、対策協議会や「住環境を守る・京のまちづくり連絡会」などが参加する「のっぽビル反対市民連合」に集まる多くの市民が、京都駅ビル開発会社への京都市・京都府による公金の支出の差し止めを求めて住民訴訟を提起しました。主な争点は、次の３点でした。

・計画されている駅ビルの実態はホテルとデパートが中心であり、営利目的のために公金を支出することの違法性。

・現行の都市計画制限（高さ31メートル）を無視した計画の違法性。

・歴史都市・京都の景観は、「歴史的景観権」として憲法上保証された人権としての権利性をもつものであり、それを侵害する違法性。

住民訴訟では、地元の対策協議会会長の伊藤督太郎氏と京都大学の西山夘三先生が意見陳述を行いました。

西山先生の意見を要約して紹介します。一つは「駅の公共性に背馳する公共団体の関与」として、「いわゆる『第３セクター』の行う事業は何らかの公共性をもつもので」、「本件の場合は敷地条件から明らかに不必要・不当な過剰機能を駅建築に盛り込むことを容認しただけでなく、それによって公的な都市計画の規制を破ることを始めから公然と認め」たことを指摘。さらに、「歴史都市・京都のスカイラインを守る建築物の高さ規制の必要性」として、「京都は国内のみならず世界的にも貴重な歴史都市であり、その大景観に対して死活的重要性をもつスカイラインは、その歴史的景観の根幹となるもので、全国各地の都市が乱雑な高層化を進めている現在、何にもまして守るべき重要な市民共有の財産である」ことを京都駅からの具体的な景観を例にしながら述べています。

（3）アンケートに見る市民の声——何が問題なのか

対策協議会が取り組んだ市民アンケートの結果を見てみます。その特徴を5点に要約してみました。

・市内のビルの高層化には66％の人が反対。

・駅の建替えにあたっては、「地域の業者や住民、市民の意見を聞いたうえで進めていくべき」とした人が75％。

・古都らしくない超高層ビルで「京都のまち」の評価が下がると答えた人が47％。

・周辺の商店街や旅館への影響を心配する人が32％。

・周辺の交通問題や環境問題については52％の人が「ひどい状態になる」と回答。

多くの人が、高層化への不安と駅ビルにホテルやデパートは必要ではないと考えていることが明らかになりました。

また、市民設計委員会が取り組んだ駅利用者へのアンケートでは、トイレや切符売り場、コインロッカーの位置などがわかりにくいことや、乗継ぎの時の不便さを指摘する声が目立ち、駅の基本的な機能への不満が目立ちました。

（4）コンペ参加者への公開質問

1990年11月に、京都駅建替えの設計者選定が指名コンペで行われることが発表されたことを受け、私たち新建京都支部はコンペ参加者と審査員に対して公開質問を行うことにしました。

発表されたコンペ参加者と審査員は、次のようなそうそうたる人たちでした（敬称略）。

・コンペ参加者：安藤忠雄、池原義郎、黒川紀章、原広司、バーナード・チュミ、ジェイムズ・スターリング、ペーター・ブスマン

・審査員（建築家）：川崎清、磯崎新、内井昭藏、笹田剛史、レンゾ・ピアノ、ハンス・ホライン、ユージン・ベンダ、三輪泰司（プロフェッショナ

ルアドバイザー）

質問の主な内容は、①京都の景観問題への市民運動の存在を知っているか。②京都の景観上重要なこの計画にどのようなコンセプトでのぞむか。③提示された設計条件に問題はないか、また市民と話し合う用意があるか。の３点でした。

８人の建築家から回答がありましたが、その内容は、多少の違いはあれ提出作品で答えるという「作品主義」でした。

（5）市民設計案づくり

アンケートや現状調査などをもとにした市民設計委員会の案の骨子は、次のようなものでした。駅周辺のまちづくりや居住地の再生についてもあわせて提案していますが、ここでは駅舎の設計だけにしぼって紹介することにします。

①在来線、新幹線、近鉄、市営地下鉄を利用者本位の原則で一体化した駅舎。

②南北の駅前広場を人間優先の空間として取り戻し、これと一体の駅。

③利用者の動線を明確にし、乗り換え、乗り継ぎの容易な駅。

④駅の諸施設を利用者本位にし、働く人々のため労働環境を備えた駅。

⑤歴史都市京都にふさわしいデザインの駅舎。

⑥コンコース、駅前広場を歩行者優先の交通空間に。

在来線を高架化し、地上レベルを南北の行き来が可能な歩行者空間として開放するとともに、駅前広場を駅舎と一体化した「市民の森」として整備するなど、駅本来の機能を市民、利用者本位の立場で組み立てた提案でした。

延べ200人余りが設計案の模型づくりに参加し、文字どおり住民参加の案づくりになりました。1991年６月に一般公開された市民設計案はテレビや新聞で大きく報道され、多くの人々の関心と共感を呼びました。

この運動は残念ながら実りませんでしたが、私たちに住民の運動の力強さ

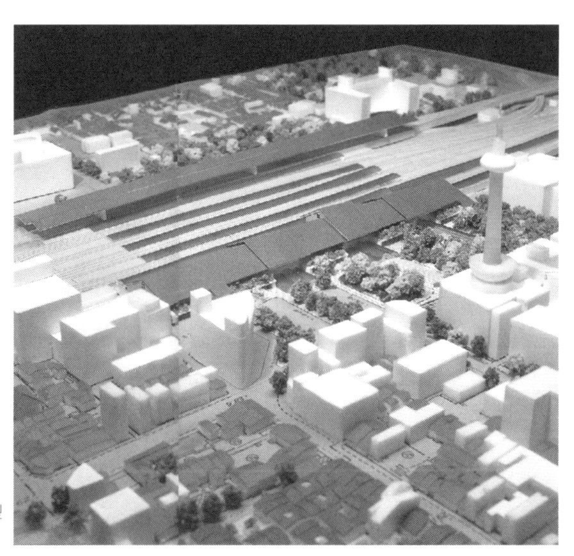

市民設計案の模型

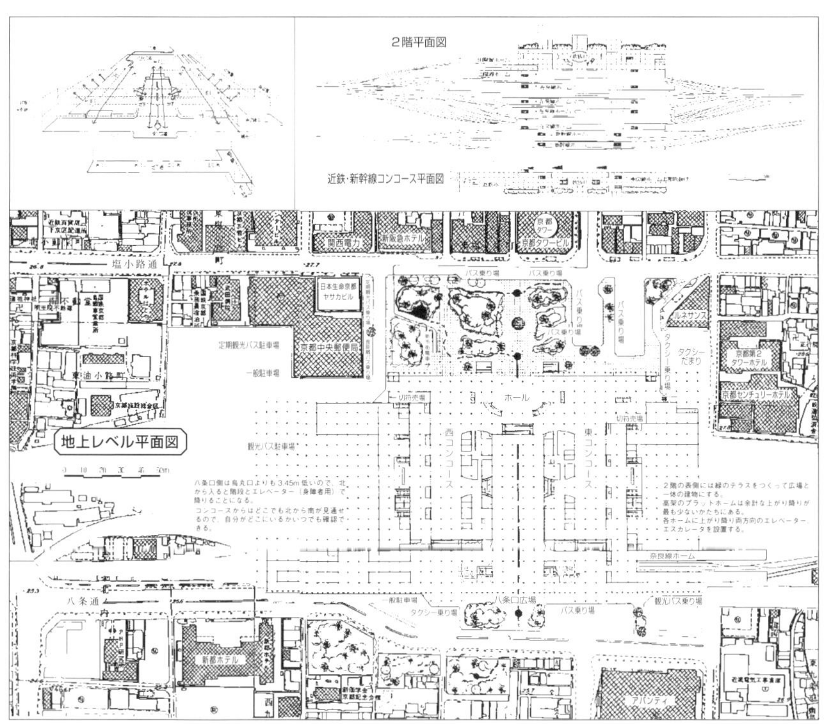

市民設計案の配置図兼1階平面図

市民設計案の模型

や、道理ある取組みの大切さを教えてくれるとともに、私たち建築・まちづくりの専門家のおおげさに言えば「生き方」を教えてもらったような気がします。

コンペの審査後、審査委員の磯崎新氏は、「百貨店やホテルなど大容量のものを入れすぎ、デザインだけでは解決できないような条件に建築家を追い込んだ。45 mに抑えた案があればそれを選んだ」と述べました（京都駅建替え問題対策協議会編：市民のための京都駅設計案）。住民の声を無視できなかったことの反映ともとれる言葉だったのかもしれません。

いずれにしても、追い込んだ事業者も、たとえ追い込まれたとしても自己主張することのなかった参加建築家も、住民にとっては同罪としか言いようがありません。専門家の社会的責任は大きいのです。

【久永雅敏】

●コラム

京都水族館の愚

イルカは時速50kmぐらいで泳ぎます。船のかたわらを愛想よく気持ちよさそうに泳ぐ姿は、テレビでしばしば目にするところです。高速で泳ぎたいイルカにとって20mほどしかないプールは、小さすぎて牢獄のようです。

オリックス不動産が、京都市の財産である公園の中に水族館を開きました。しかも、内陸の京都に人工海水を使った水族館です。環境への負荷は非常に大きいものです。

梅小路公園は、京都市内では大きな公園です。それでも、大阪城公園や京都御苑の十分の一くらいの広さの梅小路公園の中に、2012年3月、京都水族館は開業しました。公園全体は11.7ヘクタールあり、その東部に芝生広場が2.5ヘクタールほどあり、この芝生広場の北側に敷地面積1.0ヘクタールの水族館が建てられました。水族館はチャチなのですが、それほど大きくない貴重な公園にとっては大きすぎます。なんとも貧困なアイデアです。

イルカの展示のほかにも、ペンギンとアザラシに大きなスペースをとっています。採算性を最優先をして、人気の展示を多くしています。

関西には、大阪の海遊館・兵庫の須磨水族園・琵琶湖博物館と本格的な水族館がいくつもあります。大きさがこれらの半分しかないにもかかわらずです。だから、一般の魚介類の展示は

公園を削って造られた京都水族館

教育施設にガチャガチャマシーンの列

ペットショップのようです。学術的な解説なども少なく、全体に研究的な雰囲気はありません。研究的な雰囲気こそ水族館の真の魅力なのですが。

さらにあきれ果てるのは、みやげ物スペースが広すぎます。カプセルグッズのガチャガチャマシーンも10台以上。それでも「これは教養施設だ」というので、京都市は公園の賃料を半分ほどに減額しています。

京都の魚や淡水魚の展示がないという批判に応えて「京の里山ゾーン」なるものを造りましたが、これがあまりにもお粗末なデザインです。あずま屋は安っぽく、棚田は水溜りが立体になったようなもので、厭々形を整えたことがまるわかりです。

なんともお粗末な「里山」

「平安建都1200年記念事業」は、まちこわしの側面もつよいのですが、1995年に開園したのが梅小路公園で、京都駅から西に700mほどのところにあります。緑地の少ない地区にとっては待望の緑地でした。都心西南部は落ちついた居住地ですが、山や川、京都御苑など大きな緑地からは遠いのです。その後、十数年近隣住民に育てられて、開園以来しだいに昆虫や鳥が増えてきていたといいます。普段の散歩などで近隣住民に親しまれてきました。

【中林　浩】

●コラム

伝統的歓楽街における地域活動
——先斗町のまちづくり

先斗町は、およそ400年前の高瀬川開削や鴨川護岸工事に伴い生まれた京都の代表的な花街です。江戸末期や明治初期のまちなみが残っており、第二次世界大戦の終戦頃は50以上のお茶屋さんが活発に営業していましたが、今では20以下に減り、飲食店が増えています。

お茶屋さんは「一見さんお断り」の遊興のオーダーシステムを有しており、お茶屋さんに行くお客さんには派手な看板やメニューの展示などは不要でした。昔の先斗町は暗い街だったといわれます。飲食店が増えるにつれ、一見さんや外国人観光客相手の派手な看板・メニューの展示や客引きなど、景観や商環境は大きく変化し、アイデンティティの凋落が顕著でした。

このような状況の中で、2009年に「先斗町まちづくり協議会」が設立され、主に次のような多様な活動を展開しています。

①先斗町の看板規制や客引きなどの地域独自のローカルルールを、町式目として定める。

②道路上への無許可の張出し看板や、

先斗町風景（左は2008年、右は2018年の写真）。張出し看板がほぼなくなっている。

風情を損ねる巨大なメニューの提示などを自主規制でコントロールし、落ち着きのある景観を取り戻す。

③京都市に認定された地域景観づくり協議会として、新規出店者や店舗改造者等に対し、広告や外観あるいは商いの作法まで事前協議を丁寧に実施する。

④無電柱化に取り組み、極端に狭い先斗町通で地中埋設物や地上機器等の設置が非常に困難な中、民地の提供などの合意を非常に迅速に形成し、現在工事が進行している。

地中化により撤去される先斗町名物？
「曲がり電柱」

⑤ 2016 年 7 月火災が発生し、避難や緊急車接近の困難さなどの教訓を得て、水道ホースの連結システムの整備による初期消火の体制整備や、川床からの避難を含む避難訓練などに積極的に取り組む。

⑥「軒下いけばな展」や「まち歩き・セミナー」、多様な印刷物の発行など、積極的なまちづくり活動を継続している。

日本の繁華街の中では、このように地域の合意形成に尽力され、きめ細かな環境維持保全活動、まちづくり活動に取り組んでおられる先斗町は稀有な存在です。

【石原一彦】

3　地域と共生する民泊誘導の取組み

6月民泊新法施行を迎え、各地域で民泊対応の取組みが進められており、今回は2018年4月現在での取組みを報告します。

（1）民泊（簡易宿所）問題とのかかわり

三条京阪南の元町（もとちょう）地区では、2013年6月から風俗営業禁止の地区計画策定の取組みを開始しました。京都市およびまちづくりプランナー（筆者）の支援を受けて協議を継続し、2015年8月に「古門前通（ふるもんぜんどおり）元町地区地区計画」が決定されました。10月に地区計画策定に向けた取組みを継続的なまちづくりにつなげるため、町内会の中に「元町凜の会」を設けてまちづくり活動の継続を図りました。

同年11月にその第1回会合を開催したところ、路地居住者の方から、隣家で簡易宿所の営業が始まり、騒音等に悩んでいる旨の報告がありました。凜の会ではまちの特色である古美術商と共生したまちづくりを進めようとしていた矢先での問題提起であり、それ以降、毎月開催の凜の会では、この簡易宿所対策の協議が主なテーマとなりました。

（2）元町（三条京阪南）地区における簡易宿所問題への取組み

①元町のルールの制定

「凜の会」では、地区計画と併せて自主協定のまちづくり協定の検討も同時に進め、2016年3月に、元町まちづくりビジョン「凜としてたたずむ趣のまち 元町」の実現に向け、まちづくりビジョンと地区計画および「古門前通元町まちづくり協定」の三本柱を「元町のルール」と命名して、元町まちづくりの基本方針としました。

② 「凜の会」を中心とした民泊問題への対応

凜の会は毎月第二金曜日に定例会合を開催しており、毎回簡易宿所対策の協議を継続しています。市の窓口の東山区保健センターへの通知の結果、違法であることが判明し、隣家を窓口に管理者に改善申し入れを継続しましたが、東大生の肩書での営業（現在はR社社員）で、まったく申し入れに反応しません。建物所有者に改善申し入れを行い、2016年6月にようやく所有者、管理者と凜の会で会合を持つことができた段階では許可をとっていたようですが、凜の会からの適正な管理の要求と管理協定締結の申し入れには明快な回答がないままに先送りになりました。その間、何度も東山区の担当者に問題を提起しましたが、電話での改善指示だけで現地指導もないままに時が過ぎ、2017年4月には窓口が変更になり、さらに問題提起が困難な状況が続くことになりました。

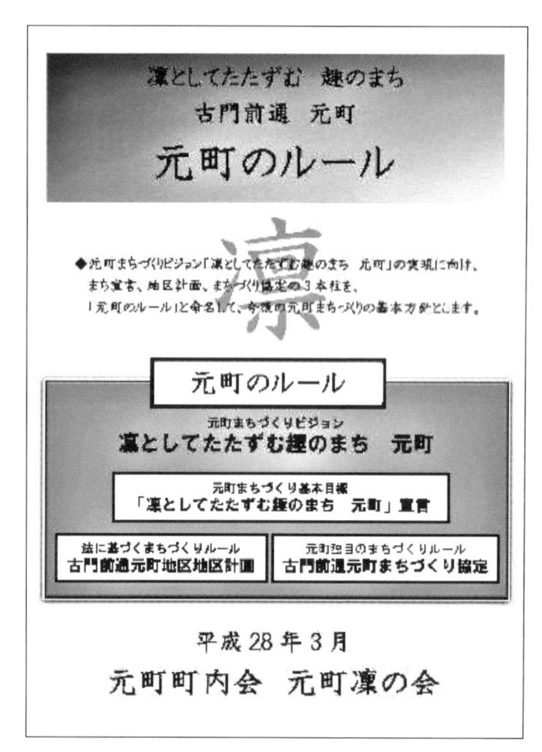

「元町のルール」を紹介したパンフレット

このような取組みの最中に、同じ路地内で新たな簡易宿所が出現し、当初は違法での営業でしたが、管理者と協議の結果、許可を取得し、2016年10月に凜の会と管理協定の締結を行い、何とか窓口が明確となりました。この施設も、管理者は市内に常駐しているとはいえ、問題指摘への即座の対応はなく、管理者が速やかに（30分以内に）駆けつけるとの指導はほとんど意味のない約束と地元では受け取っています。

③「まちづくり協定」および「地区計画」による簡易宿所制限の取組み

凜の会では、路地内での簡易宿所制限をまちづくり協定と地区計画の中に盛り込むことの検討を開始しましたが、ちょうど国で住宅宿泊事業法の検討が進められていることがわかり、市の窓口も地区計画で対応可能かについては判断できないというので、まずは「まちづくり協定」での対応ということになりました。凜の会では、毎月の会合の内容について「まちづくりニュース」を発行して会員に報告を行い続け、路地奥での民泊施設の新設禁止を訴え続けました。2016年12月に路地内の宿泊施設の新設を禁止するまちづくり協定案を提案し、2017年5月に会員アンケートを実施、会員の合意の上、7月にまちづくり協定に「路地内等での宿泊施設の新設禁止」の改訂を盛り込みました。

その取組みと同時に、京都市が実施していた「大切にしたい京都の路地選」に応募し、2017年1月に「凜としてたたずむ趣のまち元町の路地～地蔵盆と路地のコミュニティ管理～」で選定されました。

2017年11月に、民泊新法施行に併せて京都市の民泊規制条例案の方針が明確になったことをうけ、凜の会では地区計画の取組みを再スタートさせました。12月に会員に路地内での宿泊施設等の禁止を地区計画に盛り込むことについて会員へのアンケート調査を行い、回答者からの反対意見がないことを踏まえ、2018年2月に京都市と協議の上、地区計画地元案を作成しました。最終的な意向確認についてはすべて地元主導で行うこととの

「京都の路地選」に選定された元町の路地

市の方針を受け、4月当初に地区内外の権利者すべてに地区計画地元案に対する意向調査を実施しています。何とか民泊新法施行の（2018年）6月までには京都市に地区計画変更の要望書を提出したいと考えています。

④元町における地域と共生しない宿泊施設禁止の取組みから

元町では、風俗営業禁止のための地区計画の取組みを契機に、今一度まちを見直し、次世代にどのように継承するかをテーマに、凜の会による「町内会のまちづくりの協議の場」がもう5年も継続しています。2017年9月以降は、町内会会合と凜の会を毎月交互に開催し、町内会での多様な問題についての協議も並行して行いつつ、「凜としてたたずむ趣のまち」を模索しています。

しかし、2015年11月に簡易宿所問題が発生してから3年を越えた町内会の自主的な取組みの成果として地区計画変更の最終確認段階を迎えていますが、その間も路地内の簡易宿所問題は改善の兆しは見られないのが実情です。早急に簡易宿所問題等に振り回されず、元町の現状を共有し、未来を語り合い、元町のルールの実現に向けた活動に専念したいと願っています。

（3）成逸学区（上京区）における民泊問題への対応

①成逸学区の地域コミュニティ活動の特性

成逸（せいいつ）学区は上京区の北端に位置し、明治2（1869）年に開校した上京区第二番組小学校（成逸小学校の前身）の通学区です。成逸小学校が閉校した現在は元学区として地域の基礎単位となっています。学区面積約0.23㎢、世帯数1400弱の小さな学区で、1973年に町内会と各種団体で構成された「成逸住民福祉協議会」（成逸住協）が、学区の福祉、住民活動を担っています。

2007年4月に、「成逸学区に住み、働き、訪れる、誰にとっても『ここちよいまち』を維持、発展させること」を目的に、「成逸まちづくり推進委員会」が発足し、多種多様なまちづくり活動を実施しています。2018年3月には、2007年以降継続している町内会を基本とした防災まちづくり活動の実績に対して、「第21回防災まちづくり大賞消防庁長官賞」を受賞しています。

②「せいいつ方式」

委員会では、町内会加入の低下を踏まえ、町内会と新しいマンションの住民との間で日常的に良好な地域運営を図るために、委員会と事業関係者との間で覚書を締結する「せいいつ方式」を2007年10月に策定しました。覚書の項目は、①新築する共同住宅の工事概要を町内会に説明すること、②建物の管理に関する協定書を町内会と締結すること、③事業者と入居者は町内会に加入すること、としています。

なお、ワンルームマンションの単身居住者などを対象に、町内活動には直接参加しないが、地域住民としての情報提供を受けることができる「準会員」制度を導入しました。

③「せいいつ方式」に空き家再活用および宿泊施設等も対象に追加

成逸学区でも近年空き家が増加しており、その空き家の再活用として宿泊施設等が増加しています。「せいいつ方式」の観点からして、①適正な管理による町内会との良好な関係づくり、②そのためにも町内会加入を促すことを目的に、2015年6月に空き家再活用の事業者も対象に追加しました。それ以降も宿泊施設が増加することと、民泊新法の流れで今後も民泊施設が増えることが懸念され、2017年10月に宿泊施設も対象に追加しました。

これらの施設との協定は町内会からの問題指摘が前提で、すべての施設で対応はできていませんが、町内会長の協力もあり、せいいつ方式にもとづいて、良好な管理と地域と共生する宿泊施設の事例も増加しています。

④東若宮町（成逸学区）での適正な管理の民泊施設等の誘導の取組み

学区内の東若宮町では、2015年頃から空き家活用の宿泊施設が増加しており、町内会長の努力で、そのすべての施設と、「せいいつ方式」に基づく管理協定締結と町内会加入の実績をあげています。

2016年10月に、町内の空き家と隣接空地を併せて新設のゲストハウス計

「せいいつ方式」にもとづきオープンしたゲストハウス

画に対して、委員会と町内会で事業主に「せいいつ方式」に基づく申し入れ、協議を開始、その後町内会長が粘り強く協議を続けられました。その結果、2017年10月に管理協定締結を行い、同月末に11月開業を控えた施設見学会（お披露目会）を開催し、事業主、管理者、住民8人が意見交換と施設の管理問題について現場で協議を行いました。町内会の地蔵盆への協力依頼や、参加者の方から親戚の方が遊びに来た時は是非利用したいとの話もあり、地域が納得し、地域と共生するゲストハウスが実現しました。

さらに、町内の路地内の平屋建ての空き家で、簡易宿所の計画が持ち上がりました。この事例でも、路地内のみなさんと町内会長の粘り強い交渉の結果、2018年2月に管理協定締結を行い、この施設でも町内会からの申し入れに基づき、4月22日に内覧会が開催されました。10名が参加し、管理問題に対しての厳しい質問、要求も飛び交いましたが、東京の事業者、京都の管理者と率直な意見交換の結果、今後の良好な地域活動への協力を確認しました。8月15日の町内会の地蔵盆で改めて交流することを約束しました。

⑤成逸学区における宿泊施設等との共生の取組み

成逸学区内では、「せいいつ方式」に基づかない宿泊施設の事例も見られ、今後も増加が予想されます。せいいつ方式は地域や町内会長からの問題指摘が基本ですが、まちづくり推進委員会としても町内会の取組みに対して積極的な支援を行っています。東若宮町の事例のように、町内会が積極的に動いた場合は、せいいつ方式が学区の基本ルールであることを理解され、事業者等も協力の姿勢を示されます。今後は、「せいいつ方式」にもとづく良好な事例の学区への紹介を進め、町内会と共生する宿泊施設となるように見守り、活動を継続させます。

（４）地域と共生する民泊施設の誘導に向けて

これまでのマンション建設反対運動と同様に、民泊施設問題が発生してからの対策では遅く、目の前の問題での反対運動には関係者は行動を起こしますが、一旦施設ができてしまうと、諦めから問題発生以前よりも地域コミュニティ活動が低下することがよくあります。

住宅宿泊事業法ではどこでも届出だけで営業ができますので、地域が情報を得た段階では対応が難しい場合が多いと思われます。いろいろなまちづくり支援地区において、民泊問題だけでなく、地域が知らない間に、地域と共生が難しい施設が出現する可能性があり、地域コミュニティの持続的な発展のためには「地域のここちよさを維持するための行動」を持続させることの重要性を提案しています。

民泊施設自体が問題ではなく、静かに守り続けられた地域コミュニティの中に、地域と共生しない施設が入り込むことで地域コミュニティの破壊につながることが問題です。その意味では、適正な管理を促す管理協定締結は不可欠ですし、町内会活動に理解・協力することで、地域との共生が生まれ、地域の活性化にもつながる施設になると思えます。問題が発生する前に地域で対応策を共有しておくことが大切で、もし発生した場合でもその問題解決以降の地域コミュニティ活動も念頭に入れた取組みが重要と言えるでしょう。

【石本幸良】

第3章

建築・まちの保存運動

京都は、いわゆる三山に囲まれた盆地の地形の中にあり、古来、市民はその地形との強い一体感を日常の暮らしの中に根付かせてきたと言えます。けれども、特に都市計画・建築基準の国による画一的制度に基づいて、「民間活力導入」を目指す「都市改造」を進め始めたのは、京都市も例外ではなかったのです。

市民の間には、改めて建物の高層化による三山への視界の喪失への危機感が広がり、盆地景観のあり方の論争に挑戦する運動が展開します。一方、古来の街区の一角を占めるように残されてきた公共建物などの近代建築を地域コミュニティに役立てようという取組みが、例えば自治体の労働組合によって取り組まれたのをきっかけに、近代建築の保存運動が始まり、市民との共同が進んでいます。

保存運動は、まさに地域コミュニティの町並みの小景観の保存だけではなく、まちから三山へと繋がる眺望の大景観を守る目標を掲げるようになり、ついに「新景観政策」の実現を見たのです。

1　市民による「送り火アセスメント」

1994年8月16日、京都市内から五山の送り火への眺望の状況を調査・分析するための「送り火アセスメント」が取り組まれました。433人もの人がこの取組みに参加したのです。具体的作業は「ストップ・ザ・京都破壊まちづくり市民連絡会議」と新建築家技術者集団京都支部有志（以下「新建」）がおこないました。私は、新建のメンバーとして、企画立案やアンケートシートづくり、よせられた結果の分析などにかかわりました。

（1）京都の「まちこわし」と送り火アセスメントにいたる経過

1980年代後半、京都にもバブルによる地上げが横行し、人が追い出され、町家（まちや）がどんどん失われ、高層マンションに変わっていきました。マスコミは、「景観で飯が食えるか？」というような、今から思えばありえないキャンペーン番組を放映し、京都市といえば、「総合設計制度」という事実上の

送り火（左は「大文字」、右は「舟形」）まちなかからはビルの隙間からのこのような眺望のところが増えています。

高さ規制緩和を導入して、住み続けられるまちと景観を守りたいという市民の願いに背をむけてきたのです。その制度を使ったまちなかへの60mビル第一号が京都ホテルでした。

高層マンション問題に対峙してきた住民運動は、個々の運動の経験を交流し、活かしていくための「住環境を守る・京のまちづくり連絡会」をつくりました。そうしたなか、必然的に、まちなかに高層マンションを許すのか許さないのかという、京都の全体像をめぐる論争に発展してきました。具体的には、三山（東山・北山・西山）は保存としながらも都心部や南部は「開発」路線を進める京都市のまちづくりプランと、「まちづくり連絡会」の全市の包括的保存をかかげる「まちづくり市民構想案」という、二つの方向性をめぐる論争です。

まちづくり市民会議の事務局メンバーだれしも、これはとてもシンプルでわかりやすい対立点を示していると感じながらも、そのことを多くの市民が共有できているのかと言われれば、まだまだ足りないのではないかという思いをもっていたと思います。

そうした思いから、私たち新建メンバーは、多くの市民の参加による「送り火アセスメント」を提起したのでした。

アセスメント用紙のキャッチフレーズは「夏はやっぱり大文字～あなたのまちから送り火がみえますか？」というものでした。設問は、今年見た送り火とその場所や、以前見ていた送り火が見えなくなった場所のリストアップ、送り火の思い出や想いなどの５項目です。

まちづくりに取り組む団体をつうじて配布したり、当日、北野白梅町（はくばいちょう）でアセスメントへの協力をお願いする宣伝などをおこないました。多くの人が参加するまちづくり行動にワクワクしたことを思い出します。

（2）アセスメントでわかったこと

結果をまとめた冊子「市民による送り火アセスメント――1994年8月16日の記録」（まちづくり市民会議事務局＋新建築家技術者集団有志編、1995年8月発行）に沿って、アセスメントでわかったことをたどっていきます。

送り火アセスメントの冊子

①市民が送り火を見ている場所

433人の方々からの回答。やはり、送り火に近い左京区・北区・上京区が多く、中京区・東山区がそれに続きます。送り火から遠く、小さくしか見えないと思われる下京区・南区・西京区・伏見区からも数人ずつの方から寄せられました。

自分の住んでいる場所も書いてもらいましたので、見た場所とつきあわせてみると、二つの場所の近い人が多かったのです。京都市民にとって送り火は、わざわざ見にでかけるほどではないが、今年も見えることを確認して何か安心するという感じがあるのでしょうか。自分の住んでいる場所から遠いところで見ている人は、点火時の８時に仕事から帰れない人や、送り火に近いところに住んでいる知人宅で食事をしながら見ている人といった方たちでしょうか。鴨川や桂川は送り火を見る名所として定着しており、京都市外からも多くの人が訪れているようでした。

一方で、「家の大屋根にのぼって、杯に大文字を映して水を飲んで、健康を祈った」という話も残っている、古いまちなかからの眺望がなくなっていました。

②送り火への眺望タイプ

眺望点が特定できたのは244カ所、それらを地図に記入していくと、送り火への眺望は、図のように「オープンスペース型」、「とびこし型」、「軸線

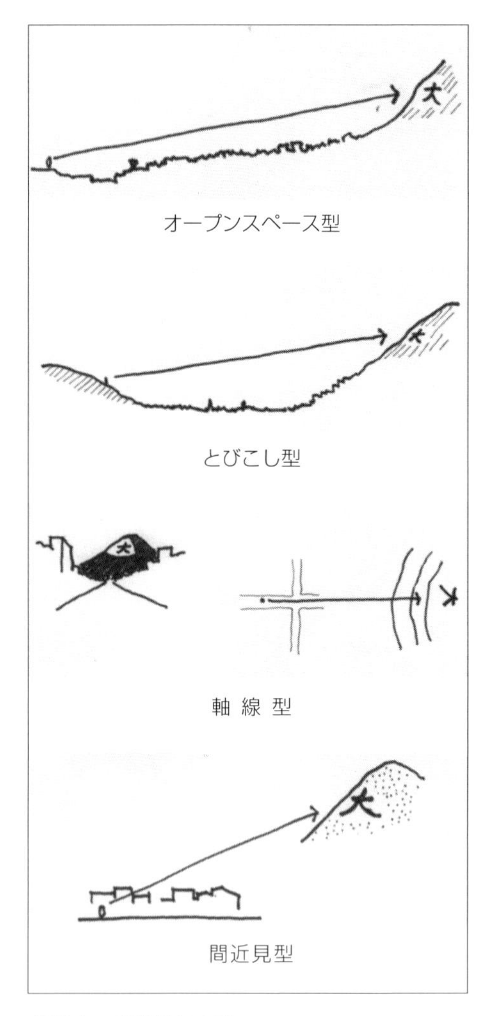

送り火への眺望タイプ

型」、「間近見型」の４つのタイプに整理することができました。

しかし、このまま全市的な建物の高層化がすすんでいくと、送り火は身近な場所から見るものではなく、以下のようなきわめて限定的な眺望しか残らなくなることが予測されます。

・まちなみから抜き出た高層ビルから、ビルの間に垣間見る送り火。

・点のようにはるかかなたに見るとびこし型眺望。

・鴨川沿いなどの大きなオープンスペース型眺望。

③送り火の眺望を守るための提案

冊子では、アセスメントの結果をうけて二つの提案をしています。

ひとつは、身近な眺望を守ることです。具体的には、送り火への軸線型の眺望を守るために幹線道路の高さ規制をきびしくすること、間近見型の眺望を守るために送り火足元の農地を守ること、鴨川などのオープンスペース周辺の建物高さをおさえること、をあげています。

もうひとつは、失われた眺望を回復することです。少し前までは小学校の屋上から送り火を見ていたという思い出が多く寄せられました。そこで、高

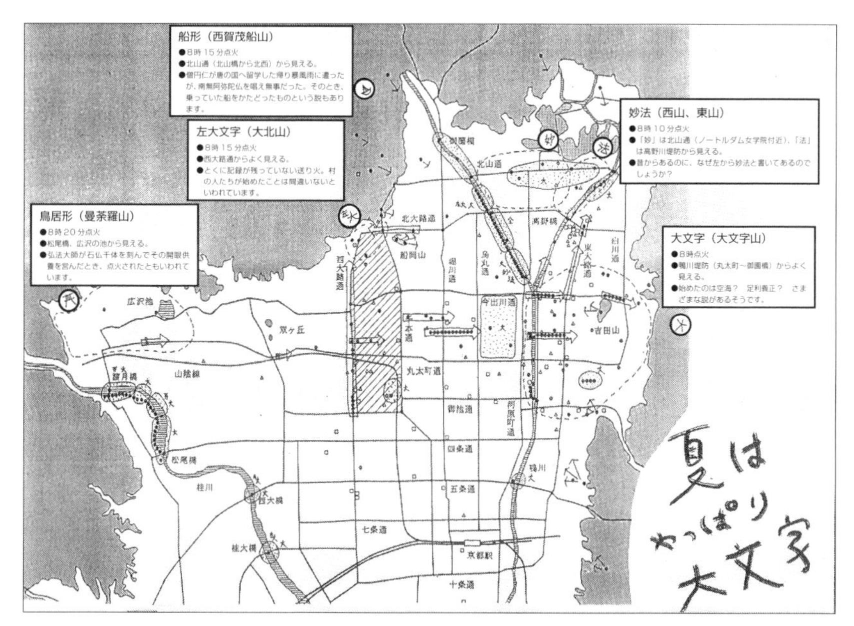

眺望回復のための提案図

層ビル建設にさらされる御池通・河原町通・五条通・堀川通で囲まれた「田の字」地域については、その眺望を回復することを提案し、街区ごとの高さ規制計画をつくりました。

（3）まちなかの小学校からの眺望回復の意味

時は流れて2007年、京都市は「新景観政策」を導入し、全市的な建物高さの規制強化を行いました。それは、京都市民のまちづくり運動が実ったものとして、一定の評価ができるものです。しかし、京都市には、同時に住み続けられる都心政策と連動した政策をとることを求めたいところです。京都市の容積率規制は従前の過大なままですし、コミュニティの拠点でもあった小学校の統廃合を進め、住み続ける条件を大幅にせばめてきたからです。

「送り火アセスメント」を通してかかげた、まちなかの小学校からの送り

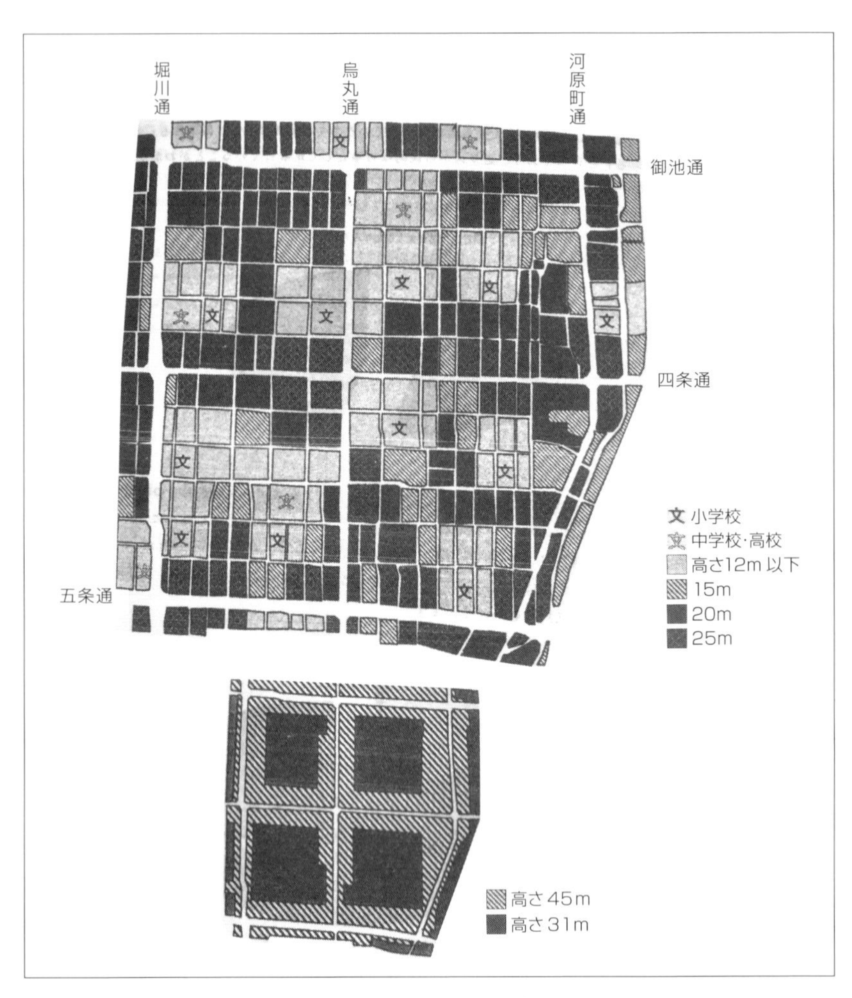

まちなかの小学校屋上からの眺望回復のための街区高さ計画
（下図は当時の京都市の「田の字地区」の高さ規制）

火の眺望を回復する目標は、バブルのなかでのまちなかからの人の追い出しと住環境破壊から、1200年間人が住み続けてきた歴史的市街地と現代に息づく人々の生活を守ることと全く連動したものでした。新景観政策のもと高さ規制論争は影を潜めた感がありますが、ほんとうはまちなかに住み続けられる条件を回復・拡充する政策を進めるべきであり、引き続き追求していくべき問題だと考えています。

（4）送り火にこめた想い

おわりにかえて、アセスメント自由記入欄に寄せられた228件の送り火に込めた思いをアトランダムですが紹介します。

・父が早くに亡くなっているので、送り火はお盆の魂を見送る大事な行事です。
・屋根の上の物干しに登り、コップの水に大文字をうつして呑んだ子どもの頃が懐かしく思われます。
・親族がそろって会食しながら見る。夏の終わりを感じる。祖父母とのお別れだな～と見送っていた。
・前は小学校の屋上を開放していてだれでもが送り火が見られたのに、今では廻りのビルのほうが高くなって見えなくなって残念です。
・子どものころの夏休みの日記の１ページにかならず書いたものです。
・今なら間に合う。京都のまちなかどこからでも見る事ができてこそ送り火ではないでしょうか。
・多くの男女の邂逅や恋愛の深まりのきっかけに送り火があるように、僕と彼女（妻）との北大路橋での出会いにもこの送り火がそっと花を添えてくれた。

【小伊藤直哉】

2　京都の近代建築を考える

(1)「京都の近代建築を考える会」の歩み

町家や寺院・神社建築など、日本の伝統建築が主体となる歴史的な町並みが多く残る京都にあって、明治以降に数多く建設された洋風近代建築は、市街地の中で風雪に耐えながら孤高を保ちつつ、町並みを引き締める重要な構成要素となっています。

その中でも京都府庁旧本館は京都を代表する近代建築のひとつですが、1990年代に入って、旧本館とその西側にある現代建築の新館を、現代的なデザインの渡り廊下で繋ぐ計画が持ち上がりました。その計画に対し、旧本館の保存活用方法としてはふさわしくないのではないか、として京都府職員労働組合が声を上げ、新建京都支部が協力して弁護士や研究者の知恵を借りながらこの問題に取り組みました。結果として、渡り廊下は未完成のまま工事が中断され、旧本館は2004年に重要文化財に指定されました。

現在は執務室に改修されていた旧議場等も復元保存され、その他の部屋も市民が使える会議室などとして活用されています。この取組みをきっかけとして、近代建築に興味を持つ有志が集まって「京都の近代建築を考える会」が1995年に結成されました。

京都府庁旧本館

会の活動の主体は

京都に残る近代建築の見学と学習ですが、京都府立図書館の外壁保存のみの建替えに際しては、会員外にも呼びかけて図書館の写生会を開催し、作品を地下鉄烏丸御池駅のギャラリーで展示するなど、ユニークな保存活動を行いました。また第一勧業銀行京都支店の建替えに際しては、京都市長ならびに第一勧業銀行頭取宛てに保存要望書を提出しましたが、レプリカ建替えが実施されてしまいました。

京都府立図書館（外壁保存）

旧第一勧業銀行京都支店（レプリカ）

一方 1998 年にはこのような活動に対して「西山夘三記念まちづくり景観基金」より顕彰を受け、10 万円の奨励金をいただきました。これは会員を元気づけただけでなく、『京都の近代建築３５のお話』（京都の近代建築を考える会編集・発行、2004 年）という冊子の出版に繋がりました。この冊子は、近代建築の保存活動を行うなかで、所有者の置かれている状況や気持ちを理解しておかなくてはとの思いから、所有者・管理者へのアンケートとヒアリングを実施した成果を生の声としてまとめたものです。

この活動に対して「これまで研究者が考えてきた近代建築は、造る側からの論理がほとんどで、所有者や利用者の視点から捉えたことはなかったといってよいのではないか。近代建築に限らず、身近な建築を保存活用することが一般的になって来た今日において、こうした所有者や利用者の思いを明らかにしてゆくことがますます求められるのだ。」と大学の研究者からも賛意が寄せられました。

また会員が所有者・管理者の思いを知ったことから、会としてなんとか所有者・管理者のご苦労を顕彰し、激励できないものかと考え、「市民が選ぶ文化財」という顕彰活動を始めました。これは重要文化財や登録文化財に選定されていない建物で、市民的価値があると認められる近代建築を年に一件ずつ顕彰するものです。選定基準は、「愛着がある」「敬意を表する」「建築力が迫ってくる」の３点を兼ね備えている建物であることです。会員で選考委員会を数回開催し、毎年の総会で顕彰式を行い、顕彰文と建物に貼っていただける記念プレートを贈呈しています。2004年の第１号から始まり、2016年には第13号の「市民が選ぶ文化財」を選定し、顕彰しました。

これまでの選定リストは以下の通りです。

第１号：旧家邊徳（やべとく）時計店

第２号：東大路高野第三住宅集会所（旧鐘紡京都工場気罐室）

第３号：セカンドハウス西洞院店（旧村井銀行七条支店）

第４号：flowing KARASUMA（旧山口銀行京都支店）

第５号：壽ビルデイング（旧商工無尽会社）

第６号：日本聖公会京都復活教会

第７号：バザールカフェ（旧クラッパードイン）

第８号：先斗町歌舞練場

第９号：辻商店

第10号：紫明会館

第11号：宝湯

第12号：モリタ製作所（旧京都電気火力発電所）

第13号：宮川美髪館

番外編として京都会館の改築にあたり、保存活動の一環として2012年には京都会館を顕彰しています。

建物を「市民が選ぶ文化財」として顕彰し、所有者・管理者の方々には

文化

市民の価値観で建物に賞

京の団体創設

第1回受賞は築110年の洋風店舗

有名ではないが愛着を感じる建物に市民が賞を贈ろうという試みがこのほど、京都で行われた。名付けて「市民が選ぶ文化財」。第一回の受賞は、中京区・三条通の築百十年以上の商店建築で、建物の正面ににプレートが貼られた。市民団体が建築に賞を与えるのは日本では例がないという。団体メンバーは「所有者へのラブコール。市民からみた建物の値打ちを広くアピールしたい」と話すが、専門家の価値観ではなく、市民からみた建築の存在を考えるきっかけになりそうだ。

⇩　⇧

賞を創設したのは建築好きの市民が参加する「京都の近代建築を考える会」。同会は会員数約四十人で、まちなかのウオッチングなどを行っている。賞は、公共建築物以外の明治以降の近代建築で、愛着、敬意を覚えるもの、「建築が迫ってくるもの」を選んで表彰しようというもの。

第一回の賞を受けたのは、中京区三条通富小路東入ル、旧家邊徳時計店で、一八九〇年（明治二十三）の建造の二階建てれんが造り。このほど、所有者も同伴し、建物の前にメンバーが記念プレートを貼り付けた。

この賞の創設には、時代を経た建築を残してほしいというアピールがある。同会はこれまで、府立図書館や旧第一勧銀京都支店（現・みずほ銀行京都中央支店）などの保存運動にもかかわってきたが、それぞれ、ファサード（正面）だけの保存や、本物そっくりのレプリカを造るという結果となった。「当たり前だが建物には所有者があり、保存運動だけでは限界があると気づいた」と同会メンバーの青谷治人さんは打ち明ける。「建物の所有者に、市民の建物への愛着などを知ってもらい、町ゆく人にもアピールしたい」と、建物に誇りを持ってもらえるよう違った形での働きかけを目指した。

⇩　⇧

旧家邊徳時計店は、日本で現存するれんが造りの商店建築としては最古の部類という。建物は、正面のアーチの下に柱がないなど、西洋建築の正当な技法からみると誤りだが、「京都の中心部を歩いた時の存在感が大きい」と、メンバーの得票が最も多かったという。技術とは別の次元での市民の価値観から選ばれた。

⇩　⇧

建築の価値考える契機に

近代建築に詳しい中川理京都工芸繊維大教授（都市史）は、こうした評価の尺度は、一九九六（平成八）年に創設された登録文化財の精神に通じるという。この制度は、築五十年以上の建物で市民が貴重だと思うものであれば、所有者の同意を得て推薦することができる。ただ、現状では「市町村が推薦するという形になっていることで『お墨付き』という受け止められ方も広まり、建物の価値をみんなで判断しようというもともとの精神が見えにくくなった面もある」という。

これに対し、今回の「市民が選ぶ文化財」は、いわば純粋な市民による評価。「例えば米国ではNPO（非営利民間団体）が修理まで行っている。みんなが大切だと思えば文化財、という考えが浸透している」と中川教授は指摘する。こうした価値基準は日本ではまだ根づいているとは言えない。しかし、その場所にある建物のよさを市民がアピールすることは、どんな町並みが好ましいかを市民が議論していく土台になるかもしれない。（文化報道部　岩本敏朗）

建物正面にプレートを貼り付けるメンバーら

第１回「市民が選ぶ文化財」を受賞した旧家邊徳時計店（京都市中京区三条通富小路東入ル）

「市民が選ぶ文化財」第１号プレート

『京都新聞』2004年8月15日付

「市民が愛着を持っていますよ」というラブコールと、「末永く大切に使ってくださいね」という応援メッセージを届けています。旧家邊徳（やべとく）時計店のように、「市民が選ぶ文化財」に選定後、登録文化財として登録された事例もあります。近年は登録文化財が増えて来たことや、相続にあたり経済的理由で所有が困難となって取り壊されたりして選定候補が減少し、年々選定が困難となってきていますが、なんとか続けて行きたいと頑張っています。

（2）近代建築の価値

では、そもそも近代建築の価値とはいかなるものなのでしょうか。日本建築学会は「建築物の評価と保存活用ガイドライン」として、「1. 歴史的価値、

2. 文化・芸術的価値、3. 技術的価値、4. 景観・環境的価値、5. 社会的価値」の五つの基本価値を挙げています。この中で社会的価値というのは専門の研究者においても評価の分かれるところで、それゆえかえって市民も意見を述べやすいところではないでしょうか。

永きに渡ってその地域の景観の一部として存在し続けてきた建物は、時間の経過とともに多くの地域住民に共通した体験や思い出を植え付けて来ています。その結果地域のコミュニティの核となり、地域のアイデンティティと誇りを育む精神的共有財産となっていると言えるのではないでしょうか。これが建築物の社会的価値であり、「市民が選ぶ文化財」の選定基準である「愛着がある」「敬意を表する」「建築力が迫ってくる」という言葉で評価してきた価値なのです。

（3）近代建築の保存と活用

近代建築の保存にあたっては、明治村のような凍結保存という方法もありますが、地域の精神的共有財産を継承するという意味では、建設地で保存活用されることが不可欠であると考えます。保存のための所有者の負担を考えると、コンバージョンやリノベーションにより新たな価値や用途を生み出して、経済的に成り立つようにしなければ維持し続けることは困難です。

昨今はレトロブームもあり、銀行建築や社屋建築がレストランや結婚式場、ホテルなどに改修され、商業建築として成功している例も増えてきています。また公共建築の活用方法として賛否両論はあるとは言え、京都市も事業者を公募して小学校建築をホテル等に改修して保存活用するプロジェクトを進めています。また京都市は登録有形文化財や景観重要建造物の保存活用を促進するために、一定の条件を満して安全性が確保されれば、建築基準法の一部適用除外を認める条例を制定しました。

これらの流れは一定規模の公（おおやけ）に認知された近代建築の保存活用には追い風となっており、喜ばしいことです。しかし問題は、公（おおやけ）には文化財として評価されていない小規模な民間所有の建物たちです。そんな中でも「市民が選ぶ文化財」に選定された建物は、所有者の強い思いもあって、転用も含めて保存活用されている幸せな例ですが、平楽寺書店のように所有者の意向で登録文化財として登録されながら、相続税対策や経済的理由により解体されたものもあります。少なくとも登録文化財や「市民が選ぶ文化財」に選定された建物については、固定資産税や相続税の減免措置などがより一層拡大されれば、保存活用され続ける建物も増えるかと思われます。

ロームシアター京都（旧京都会館）

保存活用に当たっては、先にあげた「建物の五つの基本的価値」を損ねずに、どこまで補修、改修を行うかが難しい問題となります。とくに公共建築にあっては、まず専門家がその建物の五つの基本的価値を市民にわかりやすく提示し、市民と専門家が建物価値について認識を共有する必要があります。その上で市民の要望を踏まえ、費用を含めて保存活用案を提示し、市民の合意を得る必要があると考えます。残念ながら京都会館にあってはこのような手順は踏まれず、結果的に保存活用とは言い難い改築となってしまいました。

小規模な民間所有の建物にあっては、景観・環境的価値の保存を考えると、外観は極力変えないことが求められますが、内部については所有者がどこに愛着を持って大切にしているかを尊重し、耐震補強を含めて改修費用とのバランスを考えて技術的提案ができる専門家が求められています。

新建のメンバーが、「住む人、使う人の立場に立って」良きアドバイザーとして近代建築の保存活用に携わって行ければと考えています。

【宮本和則】

3　京都の新景観政策

2006年秋、突然耳を疑うような朗報がとどきました。京都市の「時を超えて光り輝く京都の景観づくり審議会最終答申」が検討していたものが政策として発表され、都心居住地の高さ規制を15 mにするというのです。与党会派はかならずしも賛成でないという声も聞こえてきました。京都まちづくり市民会議は、この時期だけの団体「きょうと景観ネット」を結成し、この景観政策を流産させないための運動を行いました。2007年3月、それを裏付ける条例の制定にあたって、賛成を訴える集会や街頭宣伝もしました。街頭宣伝をしていると、「マンションの資産価値が下がる」という意見の人たちが妨害にやって来たりもしました。

京都市域では、1980年代・1990年代のバブル経済期とバブル経済崩壊後の時期に、高層マンション建設をめぐる建築紛争が頻発しました。2004年の景観法制定を機に、2007年新景観政策と呼ばれる大きな転換をすることになったのです。

京都の都心居住地で「建物の高さ制限」がきびしくなったのが、この政策の最大の特徴です。景観法で重要な位置づけをもつ「景観地区」も3421haにかけられました。視点場を設けて送り火の五山への眺望を規制する「眺望景観」や「借景の保全」も含まれています。ほかにも多彩な内容をもっていますが、ここでは都心居住地の高さ制限をめぐる意味に焦点をあててみます。

（1）四階建てを制限とすることの意味

四階建てというのは重要な基準です。ただ、京都市での高度地区の区切りが15 mなので、オフィスビルであれば四階建てになりますが、集合住宅の場合、五階建てになる場合が多くなります。「高さ制限値15m」というのは、高さ制限をする6割ほどの自治体が用いています。15mというのが、切りのよい数字なので、ランドマークの見え方や眺望の観点からそうなっている例が多いといいます。

京都を代表する繁華街の景観

C・アレグザンダーのパタン・ランゲージのひとつに「4階建の制限」があります。4階からだと街路とのつながりがあり、話をしたり街路の風物を細かく見ることができるというのです。これが「普遍的な建物高さの原則」だ、とまでいっています*。近年の都市計画の理念、アーバンビレッジ運動やニューアーバニズムも、中層建築の利点を説いています。京都のまちづくり運動のなかでは、14mの規制が望ましいという提案も出ていました。

日本の都市の中心市街地でも規制はなくとも四階建て以下の建物が建ち並んでいるところは各所にあり、高層建築を含むよりも密度高く土地が利用されているように見受けられる地区も多い。空も広く景観も落ち着いています。四階建てあるいは15mという建物高さはきわめて重要な規範ではないかと考えられます。

(2)新景観政策での都心居住地の高さ規制

まず、京都の都心居住地での2007年の新景観政策で高度地区の変更について提示しておきます。京都で都心居住地というと、上京区・中京区・下京

---

* クリストファー・アレグザンダー『パタン・ランゲージ』「4階建の制限」(パタン21)(平田翰那訳、鹿島出版会、1984年、原著1977年)、61～64ページ。

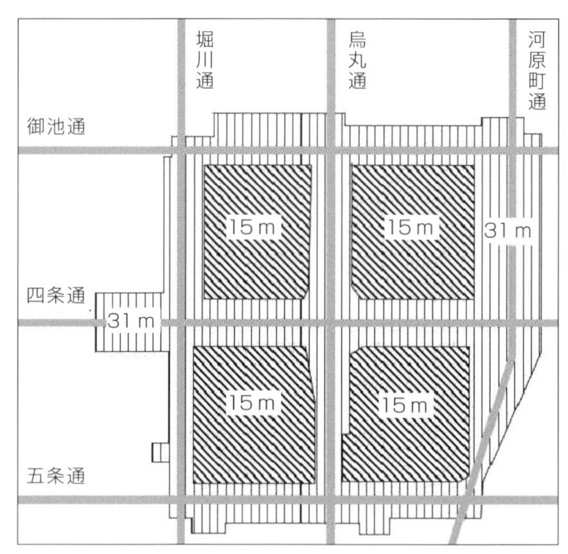

新景観政策以降の「田の字地区」の高さ規制

区・東山区を「都心四区」と呼びます。あるいは、東大路通・北大路通・西大路通・九条通で囲まれる、旧市電外周線内をさす場合もあります。いずれにせよ、この範囲の幹線街路沿いを除く多くの部分が高さ制限15mとなりました。

京都市域では、都心居住地の中央に位置する中心業務地域（CBD）としては、「田(た)の字地区」と呼ばれる場所があります。河原町通・御池通・堀川通・五条通で囲まれ、その中央に烏丸(からすま)通・四条通の幹線街路が通ります。ここでの高さ制限は、幹線街路沿いが45mから31m、その内部が31mから15mとなりました。45mから31mというのは集合住宅の階数でいうと十五階建てから十一階建て、31mから15mというのは十一階建てから五階建てとなったことを意味します。

（3）1990年代の実態

京都の都心居住地は、友禅や西陣に代表される工業機能もつよくもつ居住地です。三世代居住や職住近接を実現して工業生産を維持してきました。併用住宅が多く存在することが、都心居住地の景観を構成してきました。低層住宅で構成されながら人口密度は高いのです。生活感のあるいわゆる「歴史的景観」を維持してきました。また、京都都心部には、明治・大正・昭和戦前までの洋風の近代建築もすくなからず残存し、ほとんどが中層建築です。

都心居住地の建物の階数の実態について、1990年代に調査をしました。検討の対象としたのは、大手銀行の集まる都心業務地域の中心である四条烏丸からの西北部、南北1080m・東西970mの105haで、1993年4月に調べました。

高層ビルと駐車場（室町通）

マンション問題が激化していたこの時点でも、街路に面する間口の長さでみても、二階建て以下が半分近くを占め、四階建て以下の建物がほぼ３分の２を占めていました。全体としてみると、中低層の居住地であるといえます。五階建ても多く、実態として15m以下の建物は大半を占めていたといえます。「田の字地区」の西北部は、繊維問屋街や染色業者の集積地区で、自社ビルを建て替えるときは三階建て・四階建てが多くなっていました。制限上限の31mの建物が建つと、突出して見えるようになっていました。

（4）まちづくり運動の主張

高層マンションをめぐる反対運動が各地で起こるなか、町内ほどの範囲で住民が自主的に「まちづくり憲章」、「まちづくり宣言」を作る例が増えてきました*。

1988年、東山区の堤町がいち早く「東山白川まちづくり憲章」を作りました。「地域の環境を破壊する四階以上の高層マンション建設は認めません」

＊　「まちづくり憲章」については、清水肇『歴史的中心地における市街地空間の変容と共同的制御に関する研究』（1994年、京都大学博士学位論文）のなかで、くわしく論じています。

先斗町の雑居ビル群

としました。同年、中京区の百足屋町の住民組織が「山鉾町を守る・百足屋町まちづくり宣言」を作り、「山鉾の尖端（南観音山約十八メートル）を超えることのない中低層の町並み保持に努めます」としました。

1991年ころバブル経済の崩壊が起こりますが、高層マンションにかかわる建築紛争とまちづくり運動はますます激しくなっていきました。建物の高さよりデザインが問題だという意見もとびかいましたが、まちづくり運動側は、高さこそデザインの最大の要素だと反論していました*。

都心居住地の高層マンション問題に関わる市内各地の住民組織の連携を図ってきた「京のまちづくり連絡会」は、1991年12月に「住民のためのまちづくり構想」を発表しいています。数ページにわたるものですが、都心部については「a. 市街地域は中低層建築を通例とし、容積率を200％以下にします。b. 商業地域・近隣商業地域においては、建物高さを14メートル

＊　1990年代のまちづくり運動の主張については、1997年に筆者（中林）が京都大学博士学位論文『居住景観の形成過程と計画目標像に関する研究』（京都大学博士学位論文）でまとめ、新景観政策の内容との比較表を『住まいと生活（第二版）』（図解住居学編集員会編、2011年、彰国社）で作成しています。

（4階）に規制する」としています。それまでにできていた19カ所での「まちづくり憲章」をふまえての提案でした。ここで注目すべきは、五階建てをさけるため、15mではなく14mといっていることです。

そのほかも各種の提言がまちづくり運動からでてきましたが、まとめると、1990年代までのまちづくり運動が主張していた京都市域全体の建物高さ規制への主張は、つぎのように整理できます。一般的な中心部居住地10m、商業機能のつよい地区14m、幹線街路沿いと特に著名近代建築のある地区20m、幹線街路沿いで、すでにスカイラインがそろいつつある地区31mとしていました。

その後、憲章の中味を法制度上の建築協定や地区計画とした例も増え、まちづくり憲章は50件ほどの数におよんでいます。

新景観政策は、2004年の景観法の制定を受けて、京都市が全面的に景観行政を見直す動きのなかで始まりました。連戦連敗に見えたまちづくりの住民運動が大勝利をもたらしたといっていいでしょう。

2007年新景観政策での都心居住地における高さ15mへの規制は、日本の都市計画史上例を見ないものでした。織維問屋をはじめ中小企業の自社ビルを二階建てよりも高くして建て替える際には三階建て・四階建てにする例が多かったこと、高層マンション建設反対運動のなかで地元コミュニティが三階建て・四階建てや15m前後の高さへの規制を主張してきたことなど実態上も、アレグザンダーの「4階建の制限」をはじめ都市計画の理論上も、都市中心部のあり方として普遍性をもっています。

【中林　浩】

●コラム

ポンデザール問題

1997年は「京都・パリ友情盟約締結40周年」の前年にあたっていました。時の桝本京都市長は、鴨川の三条大橋と四条大橋の間に、1999年完成予定の鴨川歩道橋架橋計画を発表しました。調査費2500万円の予算を計上しました。

パリにあるポンデザール橋を模した橋を、三条と四条の間の鴨川に架けようというのです。四条大橋に立って北を眺めてみると、それができると水面が狭くなり鴨川の流れと北山との景観を損ねることが想像できました。

パリのポンデザールは歩道橋で、左岸のフランス学士院と右岸のルーヴル宮殿を結んでいる人気のある橋です。パリのポンデザールはセーヌ川155ｍの長さがあり、橋下のアーチの数が7つです。鴨川で架けると80ｍほどの長さになり、橋下のアーチは3つほどになります。プロポーションがまったく違います。

「京都まちづくり市民会議」や「京都・水と緑をまもる連絡会」などは「ポンデザール橋建設白紙撤回を求める連絡会」を結成し、本格的な反対運動が開始されることになりました。

集会や街頭宣伝をくりかえしたりしましたが、クライマックスは1998年の5月30日、「京の鴨川に『外国の橋』はいらない」という

パリのセーヌ川に架かるポンデザール橋

催しで、鴨川河川敷で開催されました。1500人が参加し、80本のこいのぼりがひるがえりました。映画監督・土橋亨作の狂言を茂山千之丞が演じました。最後に参加者で、建設予定地の河川敷と橋を囲む「人間の鎖」が完成しました。この運動の盛り上がりのなかで、市長は計画を断念するにいたりました。

運動の中心にすわった先斗町で飲食店を経営する柴田京子さんが、芸能人を含む多くの人をまきこみ、この問題が市民や観光客のよく知るところとなりました。橋から見た川の景観を損ねるデザイン上の問題が大きすぎたのと、10億円に満たない建設費は土建業界のもうけ口としてのうまみもなかったことも撤回の要因です。

まちづくり運動が市の計画をストップする事例として貴重なものとなりました。

【中林　浩】

●コラム

平安京造営の起点の景観を守れ——船岡山マンション問題

船岡山は、京都盆地の北辺に位置する標高112メートルの小さな丘陵です。その山頂に今も残る磐座（いわくら）は平安京造営の際の起点とされ、都の中心軸である朱雀大路（すざくおおじ）はこの磐座からまっすぐ南に向かって造られたと伝えられています。現在は、都市公園として、緑豊かな市民の散策と憩いの場として親しまれています。

この船岡山の南麓に、周辺の戸建て住宅群を圧倒する大規模なマンション建設計画が明らかになったのは、今から14年前の2004年12月のことでした。

歴史的景観の破壊、急峻な斜面地で

の建築による周辺宅地への被害の可能性（これはやがて現実のものとなるのですが）、人々が日々親しんできた貴重な自然が失われることに対し、船岡山の地主でもある大徳寺や地元住民から反対の声が上がりました。

その後、京都市が全国的に見ても厳しい斜面地条例を制定したこと、京都市からの要請を受け、建設業者が最初

マンション建設前の緑豊かな船岡山
（船岡山弁護団撮影）

周囲を圧するボリュームで船岡山の眺望を遮る船岡山マンション　（筆者撮影）

の計画を修正する案を提示したことなどを受け、当初反対だった大徳寺が反対を取り下げましたが、修正案は、戸数が減ったものの、それ以外は当初案と大差のないものでした。

私たち新建京都支部は、地元で結成された「紫野（むらさきの）船岡山問題を考える会」から要請を受け、この運動に専門家としてかかわりました。

高裁まで争われた裁判では、斜面地での建設による周辺宅地の被害を認め、補償費用支払いを命じるなど、この種の裁判としては画期的なものでした。しかし、景観面では住民の景観利益の存在を認めたものの、本件での適用には至りませんでした。

左の写真は、マンションの建設前と建設後を比較したものです。船岡山山麓の歴史と現在の生活を内包する緑の景観、散在する小規模な建築物の間に緑があり、全体として斜面地の緑が守られていた景観が失われ、現在に至っています。

【吉田　剛】

●コラム

郊外開発の問題

宅地開発に伴うトラブルは戦後の復興住宅建設で顕在化し、対応して「建築基準法」（1950年）、「地すべり防止法」（1958年）が制定され、引き続く東京多摩地区の乱開発造成に対応した「宅地造成等規制法」（1962年）が制定され、伴って明治時代に制定された「河川法」が1964年に大改訂されました。

そして、都市の開発に一定のルールを設けるべく「都市計画法」（1968年）、「急傾斜地の崩壊による災害の防止に関する法律」（1969年）が制定され、各施行令や政令、条例、要綱などを随時整備して技術指針等の審査基準のもとに行った開発行為に修正・指導を続けてきました。

しかし、不足する宅地の開発が山間谷地や沼地や海岸に拡大していくと、法的な規制の無かった工事残土や産業廃棄物の谷埋め盛土処分地をはじめとして、自然災害地跡など防災欠陥地形の宅地化が進んでいきました。

当然のように災害が多発し、1995年1月17日の阪神淡路大震災時の大規模住宅地の地滑りの大半は、全国で4000箇所存在するといわれた残土谷埋め盛土地であったとされ、「土砂災害防止法」が2001年に制定されました。

この法律は、土砂災害から住民の皆さんの生命を守るため、土砂災害のおそれのある区域を明らかにし、危険の周知、警戒避難体制の整備、住宅等の新規立地の抑制、既存住宅の移転勧告等のソフト対策を推進しようとするものでした。しかし、阪神淡路大震災から20年を過ぎた今も、既存宅地に隣接する30°超急傾斜地の滑り安全調査や谷埋め滑り地盤の安全調査の実施は50%未満であり、関東以西で発生するレベル2の地震となる南海トラフ巨人地震が近づいている現実を、行政や政治はどのように考えているのでしょうか。

新たな災害宅地を造成許可した事例として、私が調査鑑定したここ3年以内の造成事例を紹介すると、①佐賀県が自動車道路工事残土で盛土した工場用地の締固め不足による滑り沈下被害、②宝塚市が許可した急傾斜指定地の崖部安定不足宅地、③京都市が許可した既存宅地の二段擁壁存置宅地、等の欠陥宅地も造られています。

これからの「郊外開発の問題」には、環境維持は当然として、安全性の基礎調査や分析をより厳密化した内容とする必要があります。

その理由は、土地利用が古く安定した低山層理面の強度低下や地下水浸透による滑り、切削面の風化や収縮による節理・亀裂面の滑り等の予測には、多くの地層データや破壊試験データが必要となるからです。

京都市内には、一般的な意味の「郊外開発可能地形」は約45年前から、西京区大枝大原野地区の西山竹林丘陵地を開発した「洛西ニュータウン」を約10年間、伏見区南部の巨椋池（おぐらいけ）干拓で開発した「向島ニュータウン」を約15年間かけて宅地造成し、街づくり工事を行いましたが、残された林地や農地等は生産緑地も含めて、営農者の高齢化に伴い徐々に宅地化される傾向にあります。

多くは個々の小規模宅地化工事となるために、隣接街区との不整合や、地盤強度の不連続による管路破断や沈下影響変形等の影響は後を絶ちません。

京都盆地の東西北辺を取り巻く林地や急傾斜山地に近接する小規模開発宅地の場合は、宅造計画や施工品質を原因とするものが多くあります。特に、近年多発している地球温暖化に伴う気候変動がもたらす異常降雨による地滑りの被害には、地質要因による規模の違いはあるものの、京都でも小規模の滑りや変形による被害相談は後を絶たない状況です。

【幸　陶一】

第 II 部

歴史的街区や既成市街地での居住様式の再生と継承

第1章

町家長屋の再生・継承

町家住まいが急速に減少して町並みにも大きな変化が生じていることを、京都市民は暮らしの中ではっきりと認識しています。歴史都市・京都のまちは、古来の街区とそれに連たんする姿を今日に伝え、市民の暮らしを支える住まい、町家の伝統を育んできたのですが、特に戦後以降、建築・都市計画法制等の制度面でも居住継続が困難に直面し続けています。中京などの都心街区の路地内の町家や長屋の居住環境が、南側隣地に五階建て（新景観政策のもとでの制限内）のホテルが敷地いっぱいを利用して建設され大きく損なわれる事態さえ起こっています。

今、市民は町家住まいとそれを支える木造伝統構法の固有の様式の継承に危機感を抱かされていると思います。けれども、建築・まちづくりの技術者の仲間たちは、住み手、使い手としての市民の要求に応えて居住継続や伝統技術の文化の創造的発展に向けて、自らの業務空間としての活用も組み入れて実践を通して伝統技術の生きた形の発展の課題も提示しながら果敢に挑戦し続けています。

1　町家の耐震改修計画

（1）京都の町家

京都の町家は、洗練されたまちなかの住まいとして人々のくらしとともに進化し、まちなみを形成してきました。1970年頃までは、市内全域に瓦屋根の甍が広がっていましたが、高度経済成長期以降、多くの町家が解体されていきます。バブル経済が崩壊後も町家の消失は続き、伝統的なまちなみが崩れていくことに危機感を持った人たちにより、阪神淡路大震災後、ようやく実態調査が始まります。

1998（平成10）年から2009（平成21）年までの３期にわたる「京町家まちづくり調査」*では、４万7000軒強の京町家が有ることが確認され、そのうちの約5000軒（約10％）が空き家で、毎年約２％の割合で消失していることが明らかになりました。

伝統工法（釘や金物を使わず、ホゾや栓、貫で柱・梁を組み合わせ、土壁や板壁で作られている木造軸組工法）による町家は、戦後の急速な生活スタイルの変化や建築基準法に対応することができませんでした。また、暗くて寒い生活環境はそこに住む人々からも敬遠され、2016年の調査（平成28年度「京町家まちづくり調査に係る追跡調査」）では４万軒強にまで減少、７年間で約5600軒が無くなり、空き家は5800軒強に増えて危機的な状況に直面しています。

（2）町家の保存・継承

京都の町家は、中世以降の町衆のくらしと文化に育まれる中で成立し、職住共存のくらしの場として京都の都市景観を構成してきました。そのまちなみを

＊　平成20・21年度「京町家まちづくり調査」記録集（京都市／財団法人京都市景観・まちづくりセンター／立命館大学、2011年３月発行）。

「京町家まちづくりファンド」を利用して外観の修景が行われた町家の事例（東山区）

作り出している町家が京都の伝統と文化を支えてきたともいえます。この京都の貴重な財産を守り、次の時代につなぐことが求められています。

1990年頃から、町家の保全・再生を目指す市民や民間団体の運動が起こり、市民ボランティア、研究者、専門家、職能団体、行政とで取り組まれた「京町家まちづくり調査」へとつながります。このような動きを受け京都市は、町家の保存・継承を目的とする各種民間団体の橋渡し役として「財団法人京都市景観・まちづくりセンター」を設立し、「京町家まちづくりファンド」など、町家の保存活用に向けた施策を次々と打ち出します。2017年11月には「京都市京町家の保全及び継承に関する条例」（京町家条例）を制定、町家の保存・継承の取組みを総合的に支援する仕組みを発足させました。

施策のひとつとして、阪神淡路大震災を契機に施行された耐震改修促進法を受けて設けられた「京町家の耐震化支援事業」があります。古い木造家屋が多く残る京都では、くらしの安心・安全を守る防災面からの町家の保存・継承が重要な課題となっています。耐震化支援事業には、耐震診断を行うための「京都市京町家耐震診断士派遣事業」、耐震改修の計画を立てるための「京都市木造住宅耐震改修計画作成助成事業」、耐震改修の工事を行うための「京町家等耐震改修助成事業」と「まちの匠の知恵を生かした京都型耐震リフォーム支援事業」*があります。

耐震化率を上げ、地震や火災から安心、安全な町家を造ることにより、京

＊ 「まちの匠」と呼ばれる職人たちの知恵を結集し、耐震性が確実に向上するさまざまな工事を補助対象としてメニュー化し、手続きが簡単で費用負担が少ない耐震改修の補助制度。

都らしいまちなみを残していくことができるのではないでしょうか。

（3）京都市の耐震診断士派遣事業に携わって

筆者は、3期にわたる「京町家まちづくり調査」に参加するとともに、2008年から京町家派遣耐震診断士として町家の耐震診断に係ってきました。京都市では、2006年に『京町家の限界耐力計算による耐震設計および耐震診断・耐震改修指針』*を定め、京都市京町家耐震診断士派遣事業により無料で耐震診断を行っています。この事業では、市に登録した構造診断士が簡易計算手法を用いて応答計算シートにより診断を行います。

町家の耐震診断件数は、事業開始から東日本大震災があった2011年度までは年間50件前後でしたが、翌年以降の申込みは年間150～170件程度に増加、熊本地震が起きた2016年には200件あまりの診断が行われました。ところが、耐震改修計画を立てて耐震改修まで進むことは非常に少なく、耐震改修助成による工事は数件／年にとどまっているのが現状です（以上は件数が公表されていないため概数）。その要因としては、耐震補強工事以外に既存の構造部材や土壁を健全な状態にする補修工事などが必要で、工事費が高くなることや伝統工法を手がける職人が少ないことが考えられます。

筆者が2017年までに診断を行った町家22件についても、耐震改修が行われた町家は4件のみです。

（4）町家の耐震改修

ここでは、耐震改修まで行われた町家の事例（図1）を紹介します。築約90年の本二階建てで、間口が2間強、奥行が6間（奥1間は昭和50年頃在来工法により増築）の町家です（図1の「改修前」）。床面積は1階54.75㎡、2階50.79㎡、延べ105.54㎡。構造階高は1階3.00 m、2階3.25 m（図2）。屋根は葺き土が有る日本瓦葺です。2015年10月に派遣申込があり、診断を

＊「京町家の限界耐力計算による耐震設計および耐震診断・耐震改修指針」（日本建築構造技術者協会関西支部監修、京都市都市計画局発行、2006年3月）。

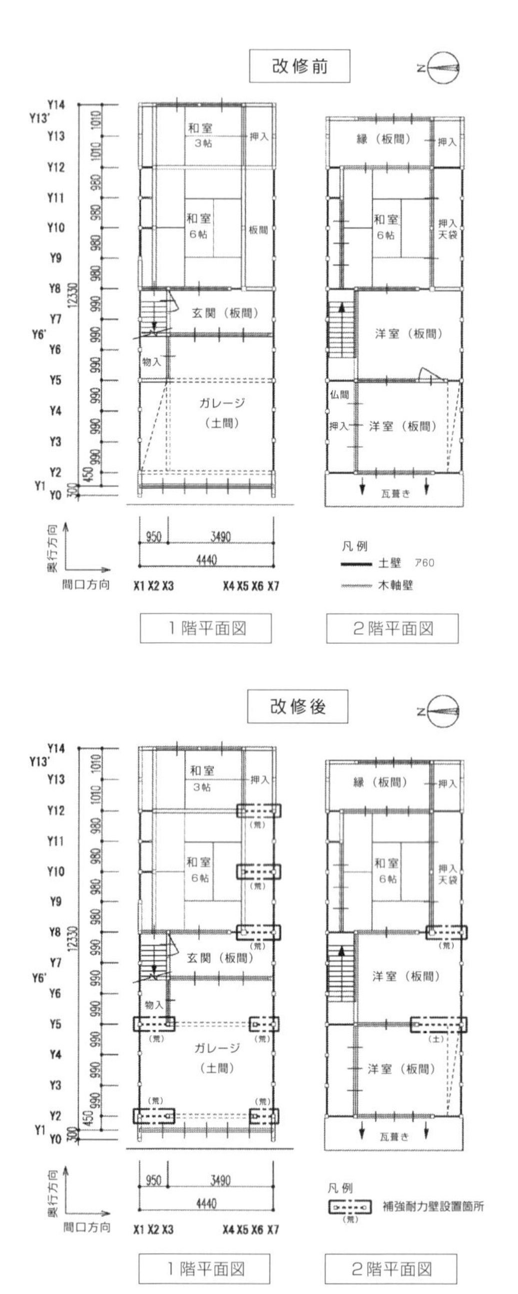

図１　改修前・改修後の平面図

行った結果、震度６強の大地震に対する建物の耐震性能は、倒壊の可能性が高い「危険ゾーン」（構造評点0.7相当未満）でした。

事例の町家には地域の自主防災会会長のご両親が住まわれていて、以前に隣家が火事になった経験もあって防災に対する意識が高く、会長は地域の防災意識啓発のためにもご両親に耐震改修を勧められていました。まずは耐震改修計画を立てることから始めようと、作成費用の９割、15万円まで助成される「京都市木造住宅耐震改修計画作成助成事業」により耐震改修計画を作成しました（2016年１月）。

計画は、①間口方向に耐震補強材を新設し、耐震性能を高める。②耐力壁として見込めない小屋裏の不要な土壁の撤去（図２）および桟瓦への葺き替え等による建物重量の軽量化を図る。③劣化した土壁や柱脚部の健全化をはかり、足固めにより柱脚部の一体化を行う（図１の「改

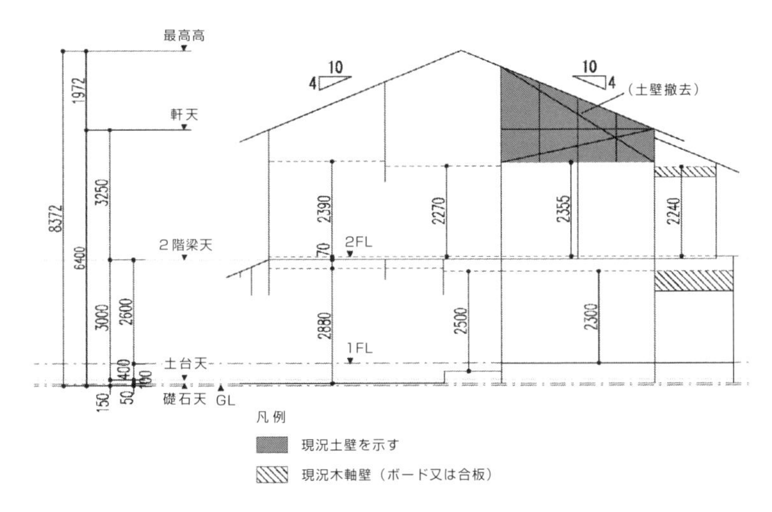

図2　奥行方向軸組図

修後」）を基本に、改修計画後、震度6強の大地震に対して一応倒壊しない「条件付安全ゾーン」（2条件満足による構造評点1.0以上）の耐震性能を有するよう進めました。工事予算は300万円（屋根の葺き替えは含まない）を超え、ご両親は工事に踏み切るかどうか躊躇されていましたが、2016年4月の熊本地震を契機にご家族で相談し、耐震改修工事に踏み切ることになりました。震災で住宅が全壊した場合、被災者生活再建支援金として300万円しか支給されないため、住宅を新たに建築するには自己負担が大きくなることから、耐震補強で倒壊しない建物にしておく必要があるとの考えからです。

耐震改修工事は、「京町家等耐震改修助成事業」の建築基準法上の補助要件を満たしていないため、「まちの匠の知恵を生かした京都型耐震リフォーム支援事業」を利用しました。この事業ではメニューごとの補助（合計60万円まで）があり、今回は二つのメニュー「土壁の修繕（中塗まで落として塗り直すもの）または新設～補助20万円」、「屋根の軽量化～補助20万円」（痛みが激しく葺き替えることになった）を利用しました。具体的には、

①間口方向1階、2階に耐力壁（土壁・荒壁パネル）を設置（図1の改修）。

②小屋裏の土壁撤去（図2）、屋根瓦を桟瓦に葺き替え。

1階荒壁パネル貫工法

1階荒壁パネル設置

2階土壁下地（竹小舞）

屋根瓦撤去
（葺き土）
（施工者撮影）

屋根葺替え（桟瓦）　（施工者撮影）

1階土壁補修

1階頭ツナギ・足固め

③既存土壁の補修、新設耐力壁柱脚部に基礎（土台）及び足固めを設置。

（5）新たなまちなみ景観をめざして

今、京都では国の観光政策に呼応して外国人旅行者数が急速に増えています。その旅行者のための宿泊施設や商業施設として、町家を民泊や店舗へ利活用する動きが広がっています。町家の用途変更による改修はまだしも、解体して現代建築に建て直すケースもあり、新たな「まち壊し」が進もうとしています。町家の用途変更では、機能性が優先されて建物の構造的な安全性を無視した改修が行われる場合があります。町家の暮らしや空間が見直され、改修して利用することが増えるのは良いのですが、耐震改修がないがしろにされているのが現状です。

伝統軸組工法による京町家は、柔軟で粘り強い家屋です。在来工法（昭和27年以降、建築基準法に基づき、金物等を使って筋交いや合板、柱・梁を組み合わせて作られる木造軸組工法）の建物が最大応答変形角 1/120 ラジアン*で倒壊する恐れがあるのに対して、京町家は、条件付き安全ゾーン（最大応答変形角が 1/15 ラジアン以下 1/30 ラジアン以上）でもしなやかに持ちこたえます。部材の健全化や架構の弱点を補うことによって耐震性を向上させることができ、今日の生活様式に合わせた改修によって住み続けることができる家屋です。伝統軸組工法の優れたところを広く市民に知らせるとともに、住み手、使い手、作り手が一体となって、自治組織など市民の活動を通じて地域全体の取組みにすることが求められています。

町家の減少傾向に歯止めをかけるだけでなく、伝統工法の優れた構造特性を生かしつつ、住み手が求める居住形式を模索しながら、京都の新たなまちなみ景観をつくることを目指そうではありませんか。

【前川亮二】

＊ 建物が地震など横方向の力を受けて変形した時の、変形の度合いを表す指標。敷居から鴨居までの柱の長さが 180 cm とした場合、1/15 ラジアンでは柱が 12 cm 傾くこととなる。

2　京都の伝統工法としての町家

(1) 京都の伝統構法としての町家

日本建築の工法（構法）の歴史を繙くと、原始的には竪穴住居のような掘建柱形式から、時代が進むに従って、神社仏閣の建物などに柱の横に何段（頭、内法、胴、地）かの角材の横架材を取り付け（長押（なげし）形式*）、柔らかく固定するラーメン構造的な軸組みが構成されてきました。画期的な変換期となったのが鎌倉時代の初期、東大寺の再建にあたった僧重源が宋の建築様式（大仏様（だいぶつよう）、天竺様（てんじくよう））から貫（ぬき）工法**を登場させたことです。この貫の登場は、日本建築を粘り強く、しなやかな変形に耐える、より強靭な耐力を生み出しました。貫の特徴は、より細い材料で柱と柱をつなぎ、柱の傾きを貫のめりこみにより止める方法でした。これによって土壁や板壁そのものの耐力が大きくなり、大きな断面を持たない住宅建築にも利用されるようになりました。

こうして成熟期を迎えた木造建築は明治時代まで大きく目立った発展はなく、次の転換期は大正時代に西欧からもたらされた筋交（すじか）い工法です。この工法（在来軸組工法）とそれ以前の貫工法（伝統軸組工法）を分けて、構造方法がまったく異なることから、今では別な体系で解析されています。

歴史的に町家がいつ登場したかは明確ではありませんが、洛中洛外図屏風の“町田家旧蔵本”（1525年頃）にはすでに町家が描かれています。それによると、95%が平屋建てで、屋根は90%が板葺で石置き屋根、瓦屋根は0%です。その頃、火災が多発したため町の防火意識が行き渡り、1616年の“舟木家旧蔵本”では瓦屋根が5%まで増加しているし、隣家境の袖壁や屋

---

*　長押形式——柱材を両面から長押材（角材）で輪薙（わな）いで柱の転倒を止める長押は頭、内法、腰、土台など幾つかが使われています。

**　貫工法——柱材を貫材で突き刺すか抜ききって、柱の転倒を止める。両方式とも、何本かの柱を連続して施行します。

根上の梲(うだち)が45％となっています。軸組みは描かれていないが、堂宮建築とは相当かけ離れたバラック建築であったと思われます。

美濃加茂市（岐阜県）の代表的な梲(うだち)

1864年発生の蛤御門の変（禁門の変）で京都の町家がほとんど焼失し、周辺部の農家（摂丹型(せったんがた)）にはこれ以前のものも見受けられます。それ以降に建築された町家が古い部類です。この頃に出来たものは伝統構法です。それは戦後まで続いていましたが、1950年に制定された建築基準法では伝統構法は性能が確認できないとして明確に位置付けられませんでした。しかし、2000年基準法改正時にようやく限界耐力計算が認められました。今までの許容応力度設計法ではなく、変形角と復元力特性での解析法です。これで約50年間の空白期間は終わりましたが、技術的な部分では堂宮と文化財保存で細々と継承していただけでした。

この構法の難しさは、建物の変形が基準なので、重心と剛心の位置のずれ、１、２階の構面の整合性、２階床面と小屋面の剛性、耐力壁の配置と耐力のばらつき、自重の点検、基礎の設計と柱脚の固定方法など、多くの事項のチェックが必要となることです。今でも、建築確認時には適合性判定が必要となり、時間と費用がかかりすぎるのが大きなネックとなってこの構法はなかなか拡がっていませんが、材料が自然素材で再利用可能なものが多く、健康志向の強い住人には最適な環境を提供できると考えています。事実、多くの賛同者がおられます。今後、スクラップ&ビルドの悪循環を本物志向に変えて、永く使える木造住宅の建築が進むことを願っています。

（2）住居としての町家

京町家は「暗くて、狭くて、寒い」などとよく言われます。私は、改修時には、「狭い」の解決策として通り庭（とおりにわ）の土間を床面まであげて台所として段差をなくし、「暗い」は通り庭の小屋に天窓を設け、「寒い」は床暖房を使います。また、トイレや浴室、洗面、脱衣場などの水回りは建物内に取り込みます。

ここで無視してはならないのは「通気」です。夏の暑さの解消の大きな要因です。表から裏まで、また裏から表への風の通路を切らないようにします。特に２階は必須条件です。京町家は２階の小屋裏で換気が取りにくいので、瓦の葺き替え時などに瓦下に通気層を設けて棟で換気する方法か断熱材の利用くらいしかありません。これでも駄目なら、エアコンを補助的に使うのがよいと思います。

また、「建物の安全性」のことも大きな問題です。住人は快適性を求めますが、本当は安全性、まず「耐震」です。阪神淡路大震災以来、特に関西圏では大きな課題になりました。特に、住居として老朽化した新耐震以前の木造が非常に怖いものとなりましたが、これは、住宅の構造的なメンテナンスが出来ていなくて設備や内装のみにこだわって、使い放題の家と住人が原因です。庭のある家なら、一年に少なくとも一度は植木屋さんが手入れに出入りしていました。そのときに、樋の掃除や傷み、瓦のごみや痛んでいる箇所の報告くらいはありましたが、今はそのようなことも減ってきました。特に、自宅を建てた住人は、苦労して資金を用意し、家族構成や使い勝手、構造の安全性、本人の拘り、また終の住処として丈夫で長持ちする家を求め、不都合があると出来るだけ早く修理をすることを知っていますが、相続や譲渡で住まいを手に入れた住人にはこのような意識が非常に希薄です。財産としての認識がなく、不都合があれば売って新たに手に入れればよい、まったく住まいを自家用車的な消費財感覚でいる住人がいます。今後の住まいの安全・安心を確保するのは、行政ではなく各住人の責務です。都市としての安全面から京都市も、国の施策への協力と市独自の耐震化促進のため、市民相談や建物調査と補強設計や耐震改修工事に補助金を用意していますが、あくまでも個人の財産に税金を投入するのですから慎重かつ厳正な審査があります。

土壁の防火実験（非加熱側）

次に、「防火」の問題です。建物の防火と言うと一般的な解釈では建物自体が燃えない耐火建築物と思われますが、耐火建築物でも生活に持ち込まれる家具、衣類、布団、什器、書籍等の燃え草が多くあり、火災時には人災まで発生しています。本来の防火は、建物の外部より被災しない仕様を指します。それは、①隣家や近隣よりの火災で火炎が貫通しない（遮炎性）、②一定時間外壁は燃えても建物の中が燃えない（遮熱性）、③軸組み崩壊がない（非損傷性）、この三つの条件を確保できればよいとなっています。すなわち、近隣での火災発生時に、次々に類焼を防ぐのと避難時間の確保が大きな課題です。

建築基準法の改正で、仕様規定より性能規定（ある一定の性能を実験で証明する）が認められ、早稲田大学の長谷見研究室が京都の京都府建築工業協同組合に協同研究の提案があり、ここで土壁の性能や外壁の板貼り、軒裏の木材現（あらわ）しが実験され、性能が検証されて告示化され、現在に至っています。この仕様は誰でもが使える仕様ですから、多くの方々に利用して頂きたいと思っています。木材は、「燃えるから防火は駄目だ」ではなく、一定の性能を持っているので、正しく使えば防火仕様になります。耐震の問題も防火の課題も、今後避けて通れない大きな問題です。

（3）伝統工法の再生と継承

京都市内に残っている京町家は非常に高密度の居住区ですが、一部分で行き当たりの路地や細路地に面し、災害時の避難等に大きな問題を抱えています。路地の入口の建物の火災や崩壊で避難路が絶たれることとなります。今後、建物の耐震や防火のみならず、細かい都市計画の実行によって快適で安全な都市再生をめざすことを、市民や行政にお願いしたいと思います。

また、京都市は町家の保存・再生に力を注いでいますが、保存・再生だけでは絶対数は減るのです。現在、毎年相当数の町家が消えています。これを食い止めようと、京都市は2018年5月施行の「京都市京町家の保全及び継承に関する条例」を出しました。行政は、所有者と住人の同意なく保存対象の町家を指定し、解体工事の事前届け出の提出をお願いし、解体に代わる保存・継承の活用計画を提案し、協議を行って利用方法を提案します。また、無届解体には住人、解体業者、工事請負人などに罰則規定を設けけるなど、京町家の保存・継承に強い意志が伝わる制度となっています。今後の推移と居住民の賛同を得られるように、きめ細かな啓発活動が必要です。

また京都市は、これとは違った再生をしようと「平成の京町家」の補助制度まで作りました。しかし、目標達成は遥か彼方で、いろいろな発想で京町家の特徴が提示されましたが、現在残っている形式を引き継ごうとしても所詮無理だと思います。現在残っている京町家は100％完成したもので、これを少しくらい変えても下手をすると陳腐なだけで抜本的な発想の転換が必要だと思います。

あたらしいものを創ることが必要です。創ることが出来れば、技の伝承など言わなくても継承できるし、職人の技の向上も容易なことです。一番大切なのは、美しい町並みを創ることで、間に唐突なものを挟むと全体のバランスが崩れるし、同じ物を並べても変化に乏しい。現在の町並みは一定統一されたような町並みですが、一つずつは少し違った物が混在してまとまったファサードを作り出してほしい。

30年かかるか50年かかるかわかりませんが、今のものを模倣するのでなく、町は個人の所有でなく住人すべての共有財産であるとの感覚で、全く新しい伝統工法の町並みを京都に再現してほしいと思います。

（4）伝統工法の技術的課題

現在、市内において伝統工法で住宅を新築するとき、技術的な課題として大工の技量が大きな問題となります。昔、奈良の西岡常一棟梁が、建物を立ち上げるのには職人の技量を見計らった上で人を組む、と言いました。今は、それだけ多くの職人がいません。仕事の出来る人間はほとんとが親方になり、職人として使える人が少なすぎます。その中から作業の役割分担を決め、作業に取り掛かります。

作業場に積まれた材木は、すべて木出表にしたがって市中の材木屋から届きますが、同じ寸法の木が相当数あります。横架材は、脚固、人見（蔀）、台輪、蓮台、大梁、簓、小梁、軒桁、妻梁、登り、牛、頭繋、地棟、間繋、母屋、側繋、棟木など。そして、柱（大黒、小黒、恵比寿、通、側、管、隅など）、束、桔木、隅木、等々の材料を、使い勝手を観ながら配っていきます。今は、整理の都合上、木出表に通し番号を打っているので、野材は比較的製材所などで印字してくれていますが、柱と化粧材だけは等級と向きがあり、全て１本ずつ配っていかないと出来ません。それを、板図（看板板）に従って墨をつけていきます。すなわち、ここに枘を付け、枘穴を掘り、継ぎ手を作り、蟻を作り、蟻を落とす、等々の指示を材木に直に記しいれ、番付をつけて刻み手に渡します。刻み手は、指示通りに刻み上げ、必要な所は削って仕上げ、養生紙で包んで保管します。

こうして、すべての材木がその用途ごとの種類に分類され、現場で組まれて上棟します。ただ、伝統工法では柱脚の固定がすべてあるとは限らないので組み方の方法が非常に難しく、在来工

仕口の回転を許容する雇いほぞ

法では組むに従って固まっていきますが、伝統工法では固まるとは限りません。また、込み栓や端栓、車知などを多用するため、途中で固められないことが多くあり、そのため組み方だけでも時間がかかることがあります。また、軸組みが構造的な耐震要素になっているため、刻みの精度が必要となります。こうして組みあがった軸組みは、通常、仮筋交いなしで大きな変形は生じません。また、貫を入れて楔止めすると動きは止まります。この軸組みでやはり有利なのは、軸組材の断面が大きいほど復元力特性が生かされるので強くなることですが、材の種類や材そのものによるヤング係数なども影響してきます。

材種による使用部位もある程度限定されています。通常、住宅の建築に使われている軸組み材はほとんどが針葉樹材で、広葉樹材はごく一部使われますがほとんどが内装材の化粧材として使われます。脚固や柱材（特に1階部分を含む）はほとんどが檜材です。横架材は地松と檜がほとんどでしたが、現在、国内の地松はほとんど採れず、檜材は単価が少し高いため、米松材や杉材が多くなっています。ただ、杉材はヤング係数が少し低いため、使うときにはそれなりの注意が必要です。母屋材などは杉が多用されています。また、京都では棟木に檜を使いません。単に「火の木」につながるだけのことだと思います　通常、大学や研究機関で行われている材料試験や構造実験に杉が多用されていますが、これは杉の単価が安いのとヤング係数が低いため、この材料で強度が確かめられれば、他の針葉樹の材に取り替えても強度的に大丈夫だとの見地からだと思います。

最近、墨付け、刻みがプレカットになりましたが、これは伝統工法ではまだありません。今、伝統工法の出来る大工や工務店も限られているように思います。この工法を文化財にしてしまっては、今後の発展も未来もありません。生きた工法として残していきたいと思います。

【木村忠紀】

●コラム

景観としての木づかい

●町家を構成する要素

京都の町家は、1788（天明8）年、1864（元治元）年の２回の大火以後に建てられていますが、それ以降も建築手法は大きく変化していないそうです。従って、今日残っている町家に見る様々な形式手法は、江戸時代のものを引き継いでいると見なせます。

表構えとして町家に共通する要素として、門口（入口）、揚げ見世（ばったりしょうぎ）、出格子、通り庇（おだれ）、虫籠窓が挙げられます。これらの要素は、京都の町家から日本各地に伝わり、各地の町家にも見られます。その他にも京都の町家は、京間の横長のプロポーション、「むくり」のついた屋根、糸屋格子の繊細さ、犬矢来や駒寄せなどの優美な形で町家の足元を引き立てるしつらえなど、多様な要素で構成されています。

●洗練された木造文化──「いき」と「はんなり」の美学

「火事と喧嘩は江戸の華」と言われて江戸は物と人間の新陳代謝が早く、また「宵越しの銭は持たない」という

「う桶や」入口廻りの洗練されたしつらえ

「錦堺町の町屋」植栽とすだれで日射遮蔽

「秦家」商家の重厚な構え。出格子、虫籠窓、屋根飾り

刹那主義的な気風がありました。

江戸の美学は「いき」で縦柄の着物がその代表になっています。建築的には、関東の民家には、関西に見られない「梁算段（はりさんだん）」と言われる曲がりのきつい松材を使った梁組みや、茅葺（かやぶ）き屋根の軒づけを茅の材料を変えて縞模様をつくる「しまがけ」と呼ばれる派手な手法が残っています。

京都は江戸に比べて火事が少なかったこと、人の出入りが少なかったことや町組みの規制もあって、形式手法の類型化の中で、京の木造文化が洗練されていったのではないかと思われます。瓦屋根のわずかなむくり、繊細な格子、精妙な大工仕事等造形的に抑制された「はんなり」とした美を作り出しています。その背景には、茶の湯など生活水準の高さ、大工をはじめとする職人の技量の高さがあって、初めて作りだされたものです。

●木の文化を守り継承・発展させること

木材のデザインの歴史は長く、蓄積も多くあります。多種多様な木材の森に入り込み、個性豊かな木材を歴史に学びながらデザインし、木材に命を吹き込んでいくその作業が魅力であるといえます。

「二傳」出格子、2階の格子窓、繊細な木組み
（以上は筆者の素描）

【小林一彦】

3　町家ストックの継承

はじめに

「町家シェアオフィス」——私たちの事務所の愛称です。

私たちは、京都市上京区の「西陣」といわれる地域にある町家をお借りし、少しばかり改装して三つの設計事務所でシェアしながら仕事をしています。総勢13人、快適な仕事場です。引っ越してきたのは2012年の暮れです。お隣には家主さんが住んでおられ、また私たちも町内会に加入させてもらい、お町内の一員になっています。そうしたことも、ここで快適に仕事や活動ができる重要なポイントになっています。

私たちがお借りしているこの町家は、軒の低い厨子(つし)二階、虫籠窓(むしこまど)、潜り戸(くぐど)付きの大戸(おおど)、糸屋格子(いとやごうし)と呼ばれる出格子(でごうし)などのある表構えから、おそらく100年はゆうに経過しているだろうと言われています。

町家シェアオフィスの外観

この町家が建つ「西陣」は、1467年に始まった応仁の乱で西軍の大将・山名宗全がこの地に陣を構えたことから生まれた地域名で、西陣織の産地として有名なところです。和装産業の衰退で、今は往時のにぎわいを感じることは難しくなりましたが、織屋建ての家や織物産地問屋、呉服問屋を営む大きな町家がまだまだ健在で、京都らしさのただよう町並みが残されているところもあちこちにあります。

さて、町家については、いろいろな切り口でその歴史や「まち」とのかかわり、空間構成や建築的な特徴、そしてその魅力などが語られています。ここでは、仕事場としてだけの町家とのお付き合いではありますが、私たちの「町家暮し」の一端を少し紹介してみようと思います。

(1) 町家の現状

町家の現状はどうなっているのかというところから話を始めることにします。京都市が2008～09年にかけて行った「京町家まちづくり調査」の概要版と、その後2016～17年に行った追跡調査から引用することにします。追跡調査結果は（　）で示します。ここで言う「京町家」は、「京都市域に残存する京町家等」(昭和25年以前に伝統軸組工法により建築された木造家屋）です。その調査の結果、残存する京町家等として47,735軒（40,146軒）が確認されています。外観の目視調査結果ですが、その内の7割近くが良好な状態で維持されているということです。空き家は約5,000戸（5,834戸）、10.5%（14.5%）です。1995～96年の第Ⅰ期調査では約6%でしたから、やはり空き家化が進行しているようです

この調査では、外観調査とあわせて町家居住者へのアンケート調査も行われていて、約7,000通の回答が寄せられています。それによると、建物の建築時期は、昭和の終戦前に建築されたものが30%以上、明治・大正時代に建築されたものがそれぞれ15%程度ということです。調査時点で少なくとも築後60年以上たっているということになります。1960～70年代に大量に建てられたストックとは言い難い住宅と比較すると、当時は住まいがいか

にていねいにつくられていたかを物語っているのではないでしょうか。

建物の利用状況ですが、住宅専用としての利用が約6割、併用住宅も加えると約9割です。まさに人が住んでいる状況がはっきりと出ています。

住み手に「建物の魅力」を聞いた設問があり、なるほどと思わせる結果がうかがえます。以下の5項目に50%以上の人が「魅力を感じる」と答えています。

1. 自然素材の感触（61%）
2. 京都らしい風情（59%）
3. 季節の移り変わり（57%）
4. 坪庭等から自然を感じる（55%）
5. 障子等を開け放った解放感（55%）

3～5でいう「魅力」は、庭との関係が強く意識されていることを感じさせ、町家のもつ特徴をよく示していると言えます。また、1の自然素材への思いは、大量生産された新建材に囲まれた住まいへの反語として受け止めることができます。

気になる町家の保全にかかわる意向ですが、持家の方の4割近くが、自分や家族が建物を利用しなくなった後も、所有している町家をできるかぎり残したいと思っておられます。また、保全していく上での問題点として、7割以上の方が維持修繕費の負担と相続にかかわる様々な負担をあげておられます。これらは、町家ストックの持続可能性にとって大きな課題になると思われます。

（2）町家活用の現状

町家の現状についてもう一つふれておきたいのは、住宅以外の用途による活用についてです。1990年頃から、町家を店舗やアトリエなどとして利用するケースが増えています。町家のもつ建築的魅力を上手に生かしている飲食店も多く、「町家ブーム」にのって、本や雑誌で紹介されることもしばしばです。人が住まなくなった町家を生き返らせることは、建物にとっても地域にとっても大切なことだと思います。また、用途の混在が「まち」を生き生きさせることにもつながります。近頃は、無届けの民泊が増えて、隣近所に迷惑をかけているケースも増えていますが。

一つ指摘しておきたいのは、特に店舗に改装する場合の改装方法が問題になる場合が多いということです。例えば、広い店舗スペースを確保するために柱や壁を抜いてしまっている例をよく見かけます。特に、通り庭と座敷を仕切っている柱列は小屋組みと床組みの接点に位置し、構造的に重要な部分です。この部分の柱を抜いたり、壁をとりはらうなどの無造作な改装は、大変気になるところです。また、座敷の畳床が床組ごと取り払われ、土間床として利用されているケースもよく見かけます。この場合は、柱と横架材の節点数が極端に少なくなり、柱脚が不安定になっています。こんな改装事例を見ると、せっかく町家の魅力を引き出そうとするのなら、現状よりも少しでも構造的に安定させる改修を心がける必要があるのではないかと思います。ムードとしての商業的町家利用はそろそろ卒業したいものです。

（3）町家の継承

最後に、私たち「町家シェアオフィス」の「町家暮らし」のこれまでを紹介することにします。

この町家は、もとは生糸問屋さん、その後廃業されて内科の医院を経営されておられたそうです。私たちがこの町家を不動産情報で知った時は、相当長い間空き家状態でした。しかし、家主さんはこの家に愛着を持っておられたそうで、売却したり、建て替えることは考えておられなかったそうです。

さて、改装です。

屋根の瓦と外壁の漆喰、庭に面する大きな開口部のアルミサッシはすでに家主さんが改修してくれていましたので、私たちが行った改装は主に以下のような比較的簡単なもので済ますことができました。工事は町家の改修を数多く手掛けておられる工務店にお願いしました。

・1階の床は、既存の床組はさわらずに上から無垢（むく）の板張り、「通り庭」

は新たな床組の上に同じ板張り、仕事部屋は温水床暖房にしました。通り庭の上部は大きな吹き抜けですから、やはり床暖房は有効です。2階の床も畳床を無垢の板張に変更。ただし、予算の都合で町家の改修にはつきものの「揚げ前（不動沈下の修正）」や「イガミ突き（立ち直し）」までは手が回らず、2階の床はボールが転がるほど南に向って傾いています。構造的には、通り庭上部の吹き抜けの2階レベルに一部床組による補強を行いました。

・壁は基本的に部分補修です。土壁の欠損部を補修したり、通り庭と座敷の間に柱や壁を復旧したり、部分的に杉板や和紙を貼ったりといったところです。

・新しい機能を付け加えたところが2か所。トイレが無かったので、1階に2か所のトイレを増設し、ちょっとした流しを設置し台所コーナーをつくりました。

・その他は、設計事務所らしく、本棚を杉板でしつらえ、作業机をシナのランバーコアでつくりました。内部の木製建具はストックされていた古い建具を頂いて補修して使っています。

・通りに面したベンガラ塗りの外部の木部（柱や框、長押、格子等）は自分たちでベンガラを重ね塗りしました。

・南側にある「中庭」は知り合いの造園屋さんにおまかせして小ざっぱりとした和風の庭に整備されましたが、今は緑豊かな多機能

事務所の内部

打合せコーナーから中庭を見る

ガーデンとして活躍しています。

・京町家の特徴の一つに「表の間（ミセの間）」があります。この部屋は医院時代に待合室と薬局に使われていたらしく、少し手が加えられていましたが、元に戻して、三者共同の打合せ室兼応接室にしました。このミセの間の利用については後で少し触れます。出格子の内側に硝子戸がしつらえてはありますが、なにせ隙間だらけで冬の寒いことと言ったらありません。引っ越し後しばらくして、ペレットストーブを置くことができ、なかなか存在感のある空間にすることができました。

暮らし始めて数年が経過しましたが、この間特に強く感じるのは、町家の空間構成と基本構造の確かさです。この町家は先ほども紹介したように、生糸問屋、医院、設計事務所と三つの用途で使われ続けていることになります。もちろんその時々に多少の改装は行われましたが、通り庭の性格以外、基本的な空間構成と建築の構造は変えられていません。

通り庭は表の「ミセ土間」とそこから奥に続く「通り土間」に分かれますが、ミセ土間は当然ですが依然として玄関土間として機能しています。通り土間はもともと走り（台所）があった場所で、土間にしておく必要がなくなったために、今はそこに床が貼られて台所やその他の用途に変わっていますが、せいぜいその程度の変化であり、空間構成や建築構造の大きな変更がされることもなく活用されています。

おそらく、先に例として挙げた飲食店のような無造作な改変さえしなければ、基本的には、町家はどんな建築用途でも自由に受け入れることのできる確かな骨組みを持っていると言えそうです。

町家で事務所を運営するようになって、私たちの夢が一つかないました。それは、「ミセの間」の活用です。設計事務所の活動をどう地域に開くか、どうやって敷居を低くするかというのが私たちの長年の課題でした。ミセの間は、まさに通りに面して直接「まち」とつながる外向けの空間です。地域に開くためにある空間といってもいいでしょう。会議や応接だけに使うのはもったいないところです。

そこで、ここを利用して「町家シェアオフィス」共同の「ミセノマ企画」を定期的に行うことにしました。まだまだ試行錯誤といった状況ですが、これまでに建築・まちづくりにかかわる企画、写真展、絵や陶芸や彫刻などの展示、ちょっとした講演会などを開いています。シェアしている三者それぞれのつながりを利用した広報と、ご近所さんへの案内チラシのポスティングなどで、私たちの知人・友人・活動仲間、ご近所の人たちなどが大勢参加してくれ、話もはずみます。

設計事務所の仕事の場として地域に根付くこととあわせて、建築・まちづくり活動を身近なこととして発信する拠点として「まち」に開かれた「町家シェアオフィス」を目指して、まだまだやれることがいっぱいありそうです。私たちにとって「町家を継承する」ということは、きっとそういうことなのではないかと思う今日この頃です。

【久永雅敏】

4　伝統木造民家「京町家」の伝統工法による改修

（1）京町家とは

京町家とは、高密度な土地利用を図った低層の、主に職住併存型都市住宅で、伝統木造民家の一タイプです。ファサードは道路に直接面し、軒を接して隣戸が建ち並ぶ（連担）集合形式をとります。明治維新4年前の戦火（蛤御門の変）で市中の大半の町家は灰と化したので、現在市内のほとんどの町家は明治以降の建築です。

高度成長期（約40年前）以降、バブル期を経て、かつて彫琢を重ねてきた京町家は相続税の重圧もあって次々と駆逐され、美しく整っていた町並景観は徹底的に破壊されてきました。また、戦後施行された建築基準法は、焼都にも古都にも全く一律に適用され、つい近年まで、伝統仕様のままでは「既存不適格建築物」扱いされてきました。

市中には未だ多数の京町家があり（約4万戸）、外観は全く異相の、所謂「看板建築」でも、一皮剥ぐと充分その原型を留めるものも多いのです。平面（間取）の基準寸法はヒューマンスケールの京間畳に則り、内法寸法も一定、構成素材は木・土・竹・紙・瓦といった自然素材なので、環境に優しい自然循環系でもあります。柱は細径木、主壁は竹下地、土塗りが通例です。

（2）「生谷家住宅主屋」

ここで取り上げる町家「生谷家住宅主屋」の特徴は、標準型町家とは以下の点で異なります。

①角地で、間口は標準型の倍以上だが敷地奥行はやや浅く、鰻の寝床ではない。

生谷家住宅
（北東外観）

②町家妻側に隣家が連担せず庭があり、奥庭とＬ型に庭園が広がる。

③その敷地特性が生かされ、１、２階共に行燈（あんどん）室（自然光が入らない部屋）がない。

④築後150年の間に多々改変あり、階段や仏壇位置は特異である。

⑤座敷廻り等に北山丸太を多用し、数寄屋造りの柔らかさを醸し出している。

⑥表の一階格子は、西陣に在っても糸屋格子でなく、繊細な格子立てである。

町家の外観は大半が格子と瓦屋根の構成美ですが、高塀や土蔵との組合せもあります。

（3）今回改修の目的

老朽部や経年の中での不具合部、構造的弱点等の改善を図ること、また、生谷家の応接・迎賓の場であり、現代の会所（かいしょ）として多様な文化的催し（茶、花、書、謡、音楽、絵画、会議、講演等々）の貸会場としての活用を図ることを目的としました（常住の住宅としては、使用されません）。

生谷家住宅主屋（東立面図）

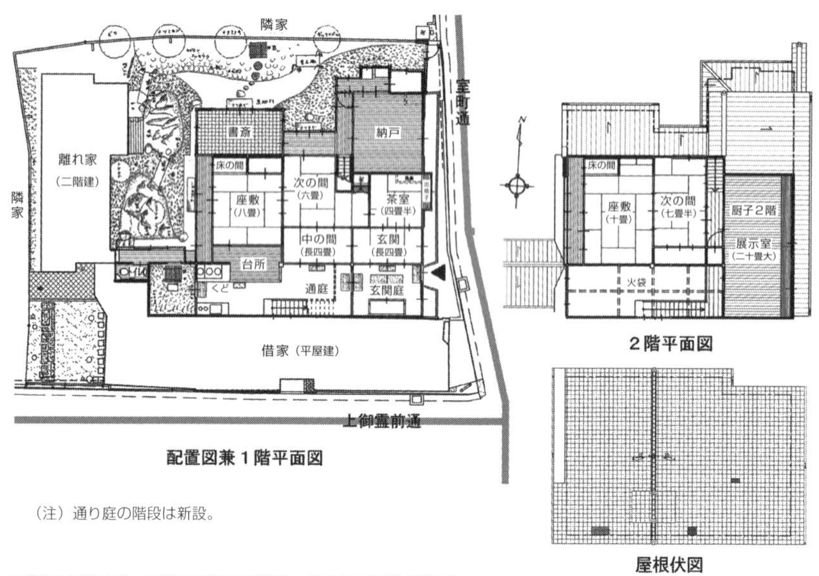

配置図兼１階平面図

２階平面図

屋根伏図

（注）通り庭の階段は新設。

国登録有形文化財・京都市景観重要建造物・歴史的風致形成建造物

生谷家住宅主屋（屋号：万や）

京都市上京区室町通鞍馬口下る２丁目竹園町 15

（4）改修指針

①伝統的な京町家のプランを尊重します。

②文化財としてのオーセンティシティ（真正性）を出来るかぎり継承。すなわちプラン、構造、意匠の在り方、使用素材の選択に於て。

③すでに国の登録有形文化財、京都市の景観重要建造物、歴史的風致形成建造物に指定された外観整備は数年前に済ませたので、今回は半解体にともなって築150年にわたる痕跡調査を入念に行う必要性がありました。

④京都市の指針による耐震診断を行い、耐震改修計画立案にあたり現状では手をつけられない隣戸（借家）が主屋と一体構造にあるため、限界耐力計算にかけずに構造家との協議による補強立案を元に耐震補強を実施しました。

（5）耐震補強

①変形性能を生かした伝統木構法の在り方を堅持しました。（上部構造の足元を縛りつけたり、筋違や構造合板、特殊ボード類で固めてしまわない。）

②内部解体で判明した元々壁のあった位置や戸袋部分、方立付の壁部や一部開口部を耐力壁としました。（全15個所の耐力壁をバランスよく設置。）

③１、２階、小屋組の各水平構面補強（各階床組材補強と荒床の厚板化、雲筋違と小屋裏間口方向に小壁を新設）を実施しました。

（6）意匠改修

（外観）北側妻壁は、公道側からも目立つので、大屋根の優しいむくり屋根のラインをさらに引立てるべく妻壁上部を漆喰塗として区切り、焼杉板の全面張りを避けました。また、道路側主屋ファサードの格子の美しさを踏まえ、板塀も竪格子のリズムを付加。１階通り庇の出桁支持に栗の曲り材を使用（旧は三角形鉄製金物）。アルミサッシは全廃し木製建具に入替え。

（内観）壁は聚楽土、中塗仕上、座敷内方立を新柱に、取替部は北山丸太

京町家（伝統木造）の耐震・防火改修メニュー①

床下（天井裏）の小壁　壁は裏返し塗がないので塗込むべき
（構造上、延焼防止上の向上）

1階天井裏間仕切上部の小壁
下地組（小舞竹とえつり竹）を施し土塗にする事で構造上も延焼防止上も向上

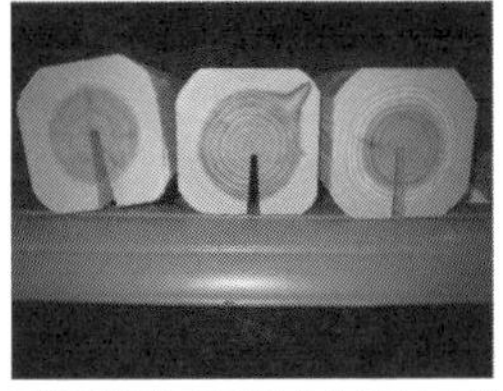

1階座敷八帖で取替えた北山杉丸太材（面皮及び面丸太）の小口 105 角

〈小屋裏〉
小壁をつくり間口方向を強化したい。
奥行方向は投掛梁の重なり部分にコーチボルト2本で締付

〈小屋裏〉
小壁 の小舞竹細すぎ、中途で切れていて 不可

〈小屋裏〉
小屋裏内の梁と欄間上部アリ壁間に 小壁 新設（下地組）

小屋裏 雲筋違（くもすじかい）
間口方向を強化

土塗壁 貫＋小舞竹＋えつり竹

土塗壁 同左下塗

耐力壁 柱間に貫を取付
（貫仕様）
荒壁パネル両面張下地

耐力壁 荒壁パネル片面張
下地（貫仕様）

耐力壁 貫＋荒壁パネル
（両面張）

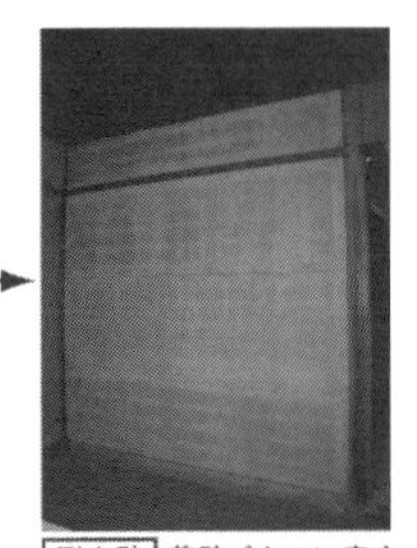

耐力壁 荒壁パネルに寒冷紗貼（継目と全面

京町家（伝統木造）の耐震・防災改修メニュー2

屋根（軽量化）空葺下地
下地の桟木は流れ方向の桟木を止めてから瓦固定用桟木を直交方向に

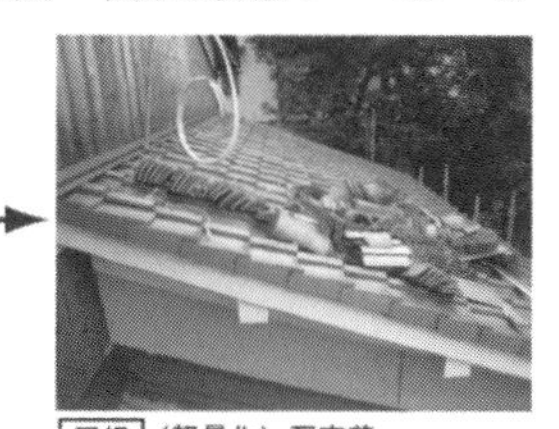

屋根（軽量化）瓦空葺
葺土を除き、瓦をステンレスビスで止めることで台風時も安全となる

渡廊下屋根　北流れ部　空葺にて新調（80判小瓦）

厨子（つし）2階の登梁
高さを上げて取替
（人が通行出来る空間を広げ、堅牢な取付とした）

柱　構造的に頼れない柱
（小屋裏途中で切れている）

耐力壁（元、縁側戸袋部）
管柱と壁を新設

床下地（根太無し）2階の床下地
（桔木（はねぎ）で縁桁の下り防止）

床下地　畳下地の荒床に厚板を張る
（厚 24 ～ 30m/m）

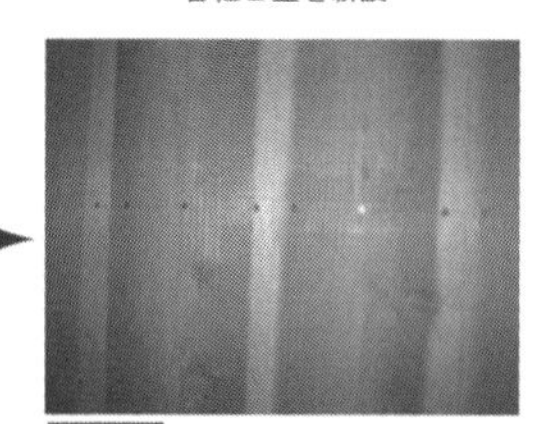

床下地　厚板釘止（釘長さと打込本数に注意）

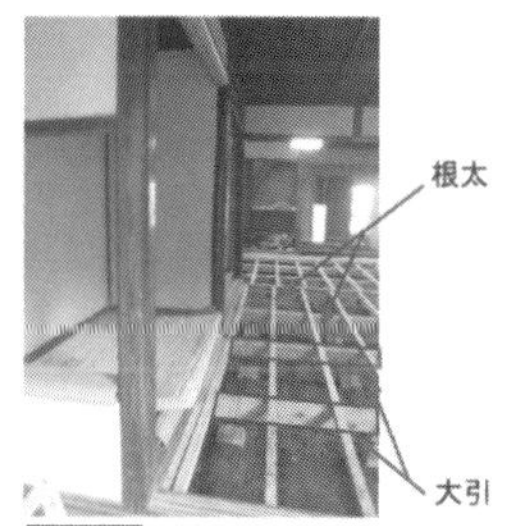

床下地（根太付）・・・一般的
大引を間口方向に架けたい。
荒床厚は厚 12 や 15 でなく、
できれば厚板にしたい

基礎　束石は底盤の大きい方がよい
（石がベスト）

柱と縁框一米栂の後補材故、早く虫害を受けた
（原則、足元に外材は禁物）

中の間南面（通り庭と新設階段）

面皮や面(つら)丸太を建込(たてこみ)。室内間仕切戸に使用されていた型板硝子は全て和紙様樹脂板入木建に。照明器具は全個所一新し、天井の低い2階次の間や座敷は天井造付とした。カーテンは一掃し、紙障子立。設備でデリケートな和室を壊す最たるものがエアコン露出なので、各所すべて隠蔽式で納めました。

木造の素材は全木部の樹種を決め、要所の材は産地や製材所、竹材店等に出向き、杢目、色あい、節や微妙な寸法はモノを見て決定。要所の板材も材木店（銘木店）で選定し、その場で木取りを決めました。襖は全て新調。

（7）生谷家住宅の歴史的沿革と建築履歴

先祖は足利幕府の御家人で、のち故あって青物問屋を商い、天正年代の賀茂川築堤に尽力し、その功により現·大谷大学付近一帯の小山郷を拝領。明治30（1897）年頃まで商いを行う。現在の建築は江戸末～明治10（1877）年頃の建替えで築約160年。北側の現納戸は主屋後に間もなく増築し、同書斎は昭和46（1971）年増築。ほぼ三列型の大型町家になり、主屋延床面積は約75坪あります。

【長瀬博一】

●コラム

京都市内に残る「家庭用防空壕」

●家庭用防空壕とは

「家庭用防空壕」の調査を始めたのは、戦後70年を迎えた2015年からです。ここでいう家庭用防空壕とは、「待避壕」「待避所」といわれるもので、具体的には、地下にある築造物、または穴、くぼみ跡のことを指します。

戦時中、内務省からの通達により建物の地下に造られ、住居の大半を占めていた町家の床下に掘られました。京都市のみならず、都市部の住宅密集地に建つほとんどの町家に「家庭用防空壕」があったと思われます。戦時中、日本各地で大きな空襲がありましたが、京都市内では多くの町家が無事で、戦争をくぐり抜けた痕跡のひとつに家庭防空の一環として築造された「家庭用防空壕」があります。

こうした家庭用防空壕が京都市内にどのくらい残っているものなのか、まとまった調査結果は見つけられていません。個人宅で防空壕を遺構として公開している例もありますが、とても少ない状況です。

●史料から

そもそも、家庭用防空壕はどのように造られてきたのでしょうか？　京都市内の防空指導は、昭和16（1931）年京都府警察部発行の『家庭防空指導要領』『簡易防空壕指導要領』などで、待避の場所であることなど、「簡素に、床下に設置」されることとなっています。また、人心の混乱を招くため、呼称を待避所・待避施設とし、あくまでも「待避」と強調され、待避して危険が去った際にすぐさま消火活動にあたるよう指導されています。

当時の建築学会も『自家用簡易防空壕及び待避所の築要領』を出していました。住宅街など空地のない場合は、床下に掘られ上げ蓋を通じて階段で下り、足掛りを通じて非常口から直接道路へ出入りできることが想定されています。

いくつもの防空指導の史料にある

“簡易待避壕”の記述、あくまでも“待避の場所”であることなど、現代の感覚では理解しにくいものです。当時の人々はどのように受け止めていたのでしょう。そのほかの史料からは、人々が隣組で協力して防空壕を掘っている様子などがあります。

床下素掘り型（柱の足元を新しい基礎で補強）

「家庭用防空壕」を調査していくと、３つのタイプに大別され、それぞれ①地下室転用型、②床下素掘り型、③築山型と名付けました。①は元々あった地下室を防空壕へ転用したもの、②は畳、床板をめくり地面を掘っただけのもの、③は家の周囲に空き地がある場合に造られたもので、なかでも、町家の床下にある素掘り型が大多数を占めていたと考えられます。

●記憶の記録

町家の改装工事中では、防空壕が発見されてもほとんどが埋め戻され、存在していたからといって届け出る制度はなく、どこにどれほどあったのかもわかりません。防空壕が埋められていく工事現場に偶然遭遇することもありました。相当数あったであろう床下素掘り型は、掘って積み上げた土が床下の通気を悪くして湿気をよび、町家の足元を腐らせる原因にもなって、町家を解体せざるをえない状

地下室転用型

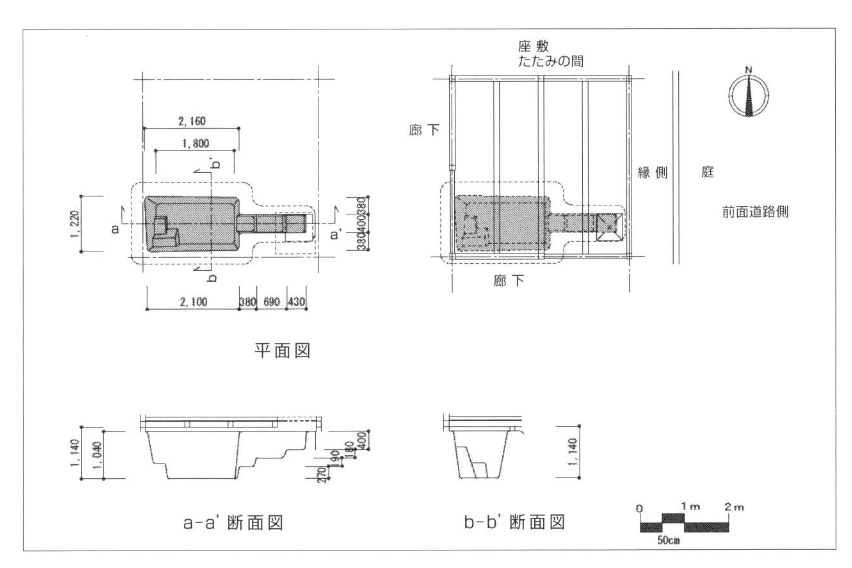

床下素掘り型（二方向から出入りできる）

況をまねいた一因とも言えます。ただ、湿気対策や足元の補強をきちんとおこない、とてもうまく再活用している事例にも出会えました。

近年、町家の建替えが急速に進む中で、「家庭用防空壕」に対する歴史的な評価はなされず、ほとんどの町家にあったと思われるのにもかかわらず記録にすら残らないうちに、人々の体験したまちの記憶が失われていっています。この現状を少しでもお伝えしたく「家庭用防空壕」のパネル展を上京区と下京区で開催してきました。

どれほど残っているものなのか、残っていないのか、町家の歴史として負の記憶かもしれませんが、これまで着目されることのなかった「家庭用防空壕」の記録から、戦時中のまちや暮らしの断片を知り、記憶を掘り起こし、現在の暮らしと合わせて考えていくことが必要かと感じています。

【小出純子】

第2章

歴史的市街地における新しい居住様式

町家は、街路に面する形で互いに妻側を接するように町並みを形成して集合してきました。路地では、長屋建ての共同住宅が住む人々の緊密な近隣関係を維持するのに役立ってきました。

このような町家の伝統的な集合・共同の様式で形成されてきた京都の歴史的市街地が広がる環境を受け皿にするように、住まいの企画段階から住み手自身が主体となり、それぞれの世帯の望み、希望をかなえる土地・建物を共有する共同住宅づくりを進める道が、いわゆる分譲や賃貸の共同住宅（供給主体が公共か民間を問わず）への選択的居住とは異なった形の方式として展開されるようになってきました。

このコーポラティブの方式が伝統的コミュニティに新しい息吹をもたらすとともに、他者による供給の共同住宅の巨大団地の場合も、住み続けられる環境を維持・継承する共同行動によって地域コミュニティと一体となる地平を拓きつつあるのです。

1　コーポラティブハウス

(1) 私たちが関わってきたコーポラティブハウス

洛西(らくさい)ニュータウンに「ユーコート」という48世帯のコーポラティブハウスがあります。延藤安弘先生をリーダーに「京の家造り会」という専門家集団が集まり実現したプロジェクトで、1985年に竣工しました。徹底した住む人主体を追求するそのプロセスは、大変面倒な仕事ではありましたが、現代の長屋をつくっていくような、柔らかいまちづくりにつながるような魅力がありました。その経験を踏まえて、延藤先生の名言「扉の外も私たちの住まい」をキーワードに、コーポラティブハウスに関わってきました。

コーポラティブハウスは、ヨーロッパで生まれ1970年代から日本でも取り組まれてきた住まいづくりのスタイルで、住まいを得たいと思う人たちがグループをつくって建設組合を立ち上げ、土地取得や居住者集め、設計者や施工者選定などを行い住まいを作るという方式です。土地が決まっていたり居住者グループがすでにある場合や、設計者など専門家が企画するものなど様々で、住戸形式や構造規模も多種多様です。

私たちの事務所が最初のコーポラティブハウスに関わったのは、1995年のことです。相国寺の借地を従前の借地人から引き継いで旧借地権のままコーポに建て替えるというプロジェクトで、1996年に竣工し、「栗の木コーポ」と名付けられました。東西に奥の深い敷地で、東側の道路に面して小さなひろばがあり、ベンチや掲示板を設けています。このひろばから板塀の続く北の路地を通って二つの階段室があります。それぞれの階段室に六つの住戸がつながり、縦型の「向こう三軒両隣」を形成しています。

2000年になって、栗の木コーポの隣地に住む方から同じように、その土地をコーポラティブハウスに利用してもらえないかという相談が舞い込み、

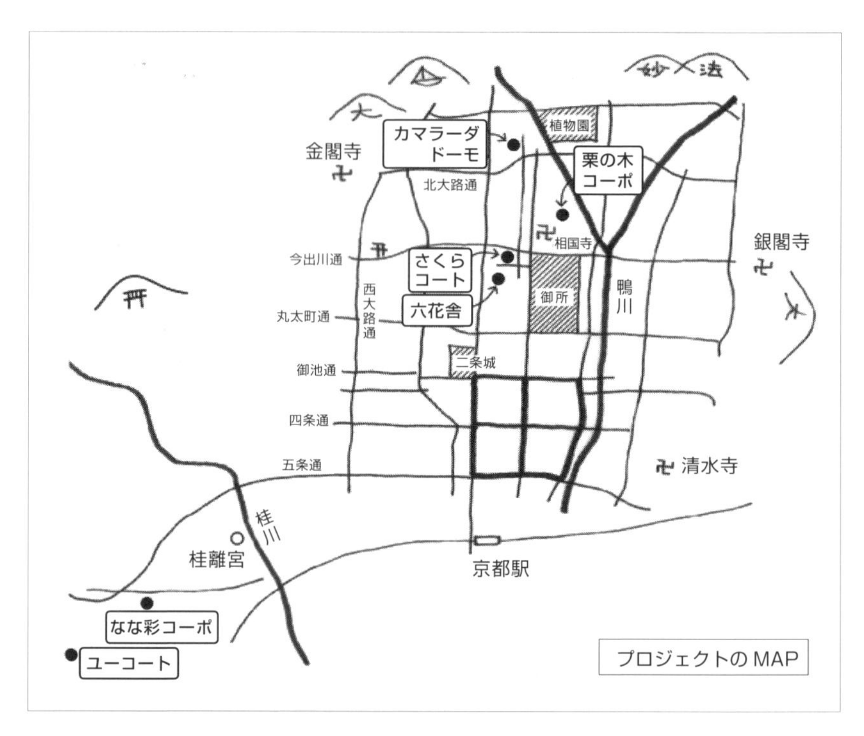

相国寺の借地に建つ「栗の木コーポ」外観

次のプロジェクトが始まりました。あいにくその計画は土地取得のところで立ち行かなくなってしまったのですが、その時点で集まっていたメンバーが、新たな建設組合の準備会を立ち上げ、土地探しを始めました。そして、30を超える候補地の検討を経て1年後に土地を取得し、2004年に竣工したのが「さくらコート」です。

さくらコートは、L型の敷地で間口が狭くて奥に広がる形をしています。格子戸を開けて路地を入ると小さな中庭があり、そこを囲むように8世帯の住戸が配置されています。通りに面した1階の住戸だけは通りに開き、まちの縁側「とねりこの家」と呼ばれています。保健師として長年地域の人々の健康や暮らしに関わってきたFさんが開設しました。小さな子どもを連れたお母さんお父さんの居場所であり、近所のお年寄りの昼食会の場となり、誰でもいつでも気軽に訪れてお茶を飲んだりおしゃべりしたりできます。町内の寄り合いや地蔵盆にも使われています。

「さくらコート」外観

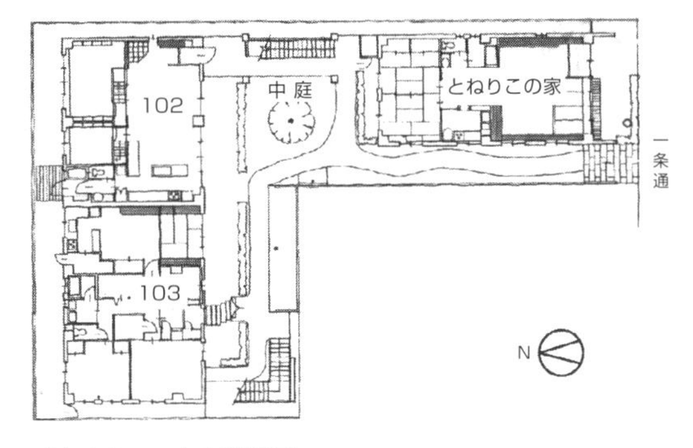

「さくらコート」配置図

「さくらコート」は、その後、二つのコーポラティブハウスを生み出すきっかけになりました。一つは西京区にある「なな彩コーポ」で、桂・樫原（かたぎはら）学区にコーポを作りたい家族が集まって粘り強く土地を探し、人集めを続けてようやく実現したコーポラティブハウスです。表通りの旧山陰街道は、江戸時代に宿場町として栄え、界隈景観整備地区に指定されています。敷地は

「なな彩コーポ」鳥瞰図

「なな彩コーポ」中庭　元の庭にあった手水鉢や鞍馬石も生かされています。

「六花舎」外観　通りの景観に馴染むデザインに。

間口が狭い短冊形で、奥で60cm低くなっていて、その地形のままに建物を配しました。ピロティを共用玄関として自転車置き場と多目的スペースの役割を果たしています。そこを抜けると中庭があり、この中庭を囲む形で七つの住戸が向き合っています。造園家の手になる中庭の植栽は森の中の木漏れ日のように中庭に光を落とします。

もう一つのプロジェクト「六花舎」は、さくらコートをつくる過程で親しくなった近所の地主さんから土地の一部の提供を受けて始まりました。その地主さんは土地活用にあたり、突然地域に出現するマンションとは違い、はじめから住む人の顔が見えるコーポラティブハウスが良いと判断されたのです。敷地はコンパクトながら中庭を設けて緑を配し、その空間に六つの住戸が緩やかに向き合います。自転車を各階の玄関脇に置くこととし、高齢化にも備えてエレベーターを設置しました。隣接する地主さんたちの住まいや、周辺の建物と折り合いをつけるデザインを探りました。

(2) つくるプロセスが生み出すもの

どのコーポラティブハウスも、プロジェクトが始まってから出来上がるまでに長い時間を要してきました。土地や入居者がなかなか見つからなかったり、建設工事費が高騰して予算に納まらなかったりしたからです。私たちが設計コーディネートをすると言っても、資金力も大きな情報発信力もありません。経験や知識を生かしながら、興味を持って集まってくれた人達と一緒に話し合い、喜んだり苦しんだりしながら作ってきました。

それぞれの家族や個人がどんな風に暮らしたいか、広さや予算や竣工時期などの基本的な条件に加えて、子育てに対する考え方や子ども達自身の希望、ペットを飼いたいとか楽器を演奏したいなど、様々な思いを出し合い率直に話し合いながら、設計と暮らしのルールが出来ていきます。また、周辺地域や敷地のウォッチング、他のコーポラティブハウスの見学やヒアリング、建築要素の学習会などを通して、住まいや住環境への関心が深まります。

そうした過程を経て暮らし始める頃には、互いが普段着でおつきあいのできる隣人関係が育ち、安心して暮らせる環境が生まれています。

計画の途中でお互いにプランを披露し合う内覧会

「さくらコート」の緑化された屋上でビアパーティー

（3）集まって暮らすかたち

一人ではできないけれど、みんなで共用スペースを持ち寄れば、まとまった庭や屋上が楽しめたりします。ひろばや中庭は植栽が施され、みんなが出会って立ち話をしたりお茶を飲んだり子どもたちが遊んだり、大切な機能を果たしています。

住戸のベランダ間にロープを渡して鯉のぼりを吊るしたり、お月見の日にススキとお団子をお供えし手作りの灯篭を並べたり、屋上にテントを張って流星群を観察したり、楽しい暮らしの発想が広がって行きます。

（4）個性豊かなそれぞれの住まい

それぞれの住戸の位置も話し合って決めます。住戸によって日当たりや接地性など環境の特徴が違うため、よく理解した上で希望を出し合います。

広々とした居間でお月見と音楽会の夕べ

個別設計は、全体設計で取り決めたルールの中で自由に作ることが出来るため、十人十色の住まいが出来上がります。設計の途中で、各住戸の設計を披露し合う内覧会をしてアイデアや情報を伝え合ったり、設計者間で調整したりしながら進めます。

本の収納のために地下室を作った家、子ども達の成長に合わせて可変していく間取り、お気に入りのコレクションを眺めて暮らせる家、人が集まりやすい広々とした居間、隣り合う住戸に暮らし合うパートナーの家、浴室にだけこだわった一人暮らしのローコスト住宅……。

奇をてらうのではなく、自分の暮らしを見据えてできた住まいは個性に溢れ、ともに住み合う包容力に溢れています。

(5) 暮らしから紡ぎ出されるもの

建物の竣工後、建設組合は管理組合に移行し、自分たちで建物の維持管理や暮らしの管理をします。管理規約も独自に定め、より良い住環境を持続し、一人一人が尊重される工夫が試みられています。

例えば、「さくらコート」では毎月のように総会が開かれ、重大な決め事をする場というよりは暮らしの情報交換の場となっていて、各委員会の報告の他に子どものことや介護のことなど話したいことを話題にします。最初から規則は設けず、困ったことがあればルール化します。委員会は、緑化、広報、企画、暮らし、メンテナンスなど、自分の得意分野や趣味を生かした活動をしています。Tさんは、たった9世帯に向けた暮らしのニュース『さくらコート便り』を毎月発行しています。Mさんは、みんなに呼びかけて何もなかったコーポを花と緑でいっぱいにしました。

「なな彩コーポ」は、0歳から80歳代まで幅広い世代が住みあっています。保育園に通っているSちゃんとAちゃんが「なな彩

地下とつながった座卓の書斎

コーポ」に着いて真っ先に帰るのは、自分の家ではなくて1階にあるMさんの家。1時間ほど遊んでから、それぞれの家に帰ります。Mさんは微笑ましく二人を見守っているだけです。最高齢のHさんは、みんなの依頼に応えて自分の戦争体験を語りました。何度も同じ話が繰り返されることもあるけれど、みんなふんふんと頷きます。

(6) 集まって住むことで生まれてくるもの

住人の中から、「現代のムラ社会」とか「小さな村づくり」という言葉が生まれてきます。

「ユーコート」は竣工後30年を過ぎ、住み替えも起こっています。ここの環境が気に入って移り住んでくる人もいます。ここで育った二世たちが、新たな家庭を築いて戻ってくるケースも見受けられます。ともに育ちあい、近所の大人に見守られながら育った彼らにとって、ここは大好きな故郷なの

「六花舎」の竣工パーティーには、他のコーポラティブハウスの住人たちもお祝いに駆けつけました。

です。

「なな彩コーポ」の従前の建物、門、塀は、大正期のもので界隈景観建造物に指定されていましたが、長らく空き家となって荒廃が進んでいました。RC造三階建ての集合住宅に建て替わり、景観は変わってしまいましたが、新しい7世帯の家族が地域に溶け込んだ暮らしを引き継いでいくことになりました。目の前の公会堂の修復の話や、途絶えてしまっている地域の祭りの復活にも、コーポの人たちは積極的に関わろうとしています。

「とねりこの家」木曜日の昼食会風景

「栗の木コーポ」のひろばや「さくらコート」のとねりこの家は地蔵盆の場所として使われています。

地域社会の仕組みやつながりが希薄になっている中で、地域に溶け込み根をおろし、近隣とともに丁寧な暮らしを重ねて未来に引き継いでいきたいという思いが芽生え、育まれているように思います。

【川本真澄】

●コラム

「おうちでコンサート」が楽しみに

京都市内では初のプロジェクトとなったコーポラティブハウス「ユーコート」。京都市の西部、洛西ニュータウンのほぼ中央に位置します。約3年半の準備を経て、1985年11月に完成し、48世帯が入居しました。

「ユーコート」を計画している時、生活の夢をみんなで語り合いましたが、そのうちの1つに、「気軽にコンサートを楽しみたい」というのがありました。だれか近所のアーティストにお願いをして…と手探りでスタートし、入居して約半年後、1986年には「第1回ユーコート・コンサート」を集会所で開催しました。音楽家の知人がいないので、チラシの連絡先にダメ元で電話をして出演を依頼すると、意外なくらい出演を了解してもらえました。毎年数回の演奏会を楽しみましたが、10年ぐらい前から、自宅で音楽会を開催するようになりました。

僕の家は約67㎡のワンルーム（30年前は珍しかった）。共働きで女の子が1人だったので、「狭い家を広く使うには、時間で使い方を変えよう」ということにしました。今は遊びの部屋、今は食事、次は寝室…と。このため、家具や持ち物はかなり限定して暮らしていました。

子供も巣立ったので、音楽会にも使えるのでは、と考えたのです。ちょうど20人ぐらいなら入れます。だれも弾かないグランドピアノが活用できます。実は、演奏者とゆっくり懇親できるし…という、いささか不純

ユーコート（東側外観）

な（最大の？）動機もありました。

集合住宅の１室でのコンサートの開催です。当日の朝は、ピアノの調律。午後、演奏者が来てゲネプロ。演奏会本番とその後の懇親会。ほぼ１日中音が出ます。

広々とした居間で音楽会

特別な防音設備はしていません。住宅の床・壁・天井のコンクリートはしっかりとした厚みで設計されたので、多少はましかなぁと推測しますが、周囲に音は当然漏れています。

ユーコートの皆さんにはコンサートのチラシを事前に配布していますが、穏やかに見守って頂いているように感じます。僕の直下の家には小さい子供が３人。お母さんは、お腹が大きい時にも聴きにきてくれました。生まれる前からの聴衆、今も時々来てくれます。

還暦になった時、「おうちでコンサート」というコンセプトにし、次回で120回目です。肩肘はらず、気軽に音楽を自宅で楽しむ、実はプロの演奏者もそういう場所を望んでいます。

ある著名なチェリストは僕に、「海外にいた時には、こんな感じの小さい音楽会がたくさんあったのに、日本に帰ってきたら少なくてさみしかったよ」と教えてくれました。

例えば、年に１回でも「家族の誕生日にリビングルームでギターのコンサートを楽しむ…」、そんな小さな願いに喜んで協力してくれるアーティストはたくさんいます。

生きている間に、そんな場所を100か所ぐらいにしてつながりたいなぁ…。今？　今は３か所です。（笑）

【平家直美】

2　百足屋町の共同建替え

(1) 計画概要

この事業の正式名称は、「公益財団法人南観音山保存会と地権者による町家と袋小路建替事業」です。計画地は、祇園祭の山鉾のひとつ南観音山のある中京区新町通錦小路上る百足屋町。敷地内にある1831（天保2）年に建てられた蔵は建替え後も残して、町家*と路地に面した住宅の一体建替えを行う計画です。

南観音山の以前の町家は木造二階建てです。1932（昭和7）年に竣工し、改修や増築を重ねて80年以上使用されてきました。老朽化が進み、祇園祭の時に多くの方が入場される際に安全性に問題があること、重要文化財を保管する蔵の周囲に木造の建物が密集している状況で、防火上も問題があること等の理由により、耐火・耐震を目的とし、建て替えられることになりました（2012年）。当初、町家だけの建替計画も立案された経緯がありますが、将来、町家の奥の袋小路の路地に面する住宅が接道などの面から建替えできないなどの理由により、路地に面している住宅、敷地の4名の権利者と南観音山保存会が「百足屋町388建設組合」を設立（2014年）され、一つの敷地に町家と共同住宅を一つの建物として計画した事業を行うことになりました。

(2) 京都市内に残る密集市街地・細街路

京都市の密集市街地は、大きな戦災に遭っていない都市の中で歴史的に形成されてきたものが多く、都心部を中心に70地区あります。細街路は、路地と呼ばれ、閉じられた空間ゆえに外部の人の利用も少なく、車の通りぬ

＊　この事業では、町内の集会、お祭りの神事やお飾りを行う場所を「会所（かいしょ）」、会所を含む建物を「町家（ちょういえ）」としています。

けもなく、住民同士の細やかなコミュニティを培い、安心で豊かな暮らしを支える場として機能してきました。

一方で、防災面では様々な課題があります。建て替えられず使い続けている木造建物は、耐震性や防火性能が十分でないものが多く、大きな地震が起これば倒壊や延焼の恐れがあり、狭い道であるため、避難や救助がしにくいといった問題も抱えています。また、細街路だけに面する敷地では、建替えが困難で、老朽化が進み、空家化している事例もあります。本稿で報告する事業は、このような京都市内で多く見られる古くからの町割りのひとつにおける建替事業です（設計、解体・建設は2014～15年に行われ、同年11月に完成しました）。

新町通側の建物外観　周囲の町並みに馴染むような意匠としました。

（3）会所・町家の設計

祇園祭の会所は、いくつかの建築形式に類型化されます。南観音山は「表棟型」で、祇園祭の時には敷地内の蔵と会所と南観音山を渡り廊下で繋ぎ、人や懸想品などが行き来します。新しい町家の設計において、この表棟型のしつらえを継承しています。従来通りの木造の建物であれば、お祭りの際に作事方（山鉾を建てる役割を担う大工さんたち）が木造の渡り廊下を

祇園祭の様子　南観音山と会所が渡り廊下でつながります。

作ることは、既存の方法で対応が可能でした。ところが、会所と共同住宅を同一建物とするために耐火建築物としなければならなかったため、新たな試みを必要としました。会所としては、祇園祭が行われる7月とその他の11か月では求められる機能が異なります。祇園祭の間には表に面した建具は開け放たれ、新町通にお囃子（はやし）の音色が拡がります。また、お山建（やまだ）て以降の数日間は、接続部分の外壁の一部を外し、会所と南観音山を渡り廊下でつなぎます。この部分は建築基準法の「延焼のおそれのある部分」で防火設備の設置が求められますが、通常の防火設備であるアルミ製や鋼製建具では祇園祭の用途に適した使い方ができません。そのため、外壁に面した壁の内側一面に防火シャッターを設け、その部分を防火設備として設定し、外壁部分に面した「木製建具、木造の真壁（しんかべ）」は外部に設置した「木製の飾り」として取扱いをうけることで、耐火建築物の機能を持ちつつ木造の会所と同様の使い方ができるようになりました。

この設えに決定するまでには、鋼製建具に漆喰を塗り、付け柱を取り付けてだまし絵の壁のように見せる案や、全面に木製格子を取り付けて防火設備を隠す案などを提案し、案が出るたびに確認検査機関と協議を重ねました。検査機関の担当の方が、こちらの突拍子のない案をむげに否定することなく対応して下さったことで、木造のファサードを持つ鉄骨造の建物が実現しました。また、3階部分の非常用進入口に代わる窓は、外壁の一部の模様（「百」の文字）の奥にあります。虫籠窓（むしこまど）の意匠を損なうことのないように、消防署と協議をしました。

新町通の計画地周辺は、京都の伝統的なデザインをもとにして建て替られた建物や、昔からの建物を丁寧に改修して使い続けておられる事例が多くみられます。新しい町家のデザインも、周囲の町並みに馴染むように計画しました。平入（ひらい）りのむくりをつけた屋根、隣家と軒高（のきだか）さを合わせたあやめ庇（ひさし）、真壁（しんかべ）造り、虫籠窓等の京都の伝統的な意匠です。この意匠の採用については、南観音山保存会の理事で、これまでも新町通での伝統的なデザインの継承に寄与されてきた方々のご意見を多く取り入れました。

（4）共同住宅の設計

共同住宅は「コーポラティブ方式」で建設されました。建替え後は、鉄筋コンクリート造四階建て７戸の住まいです。入居者は、従前地権者４戸に加えて３戸。追加の３戸は南観音山保存会や百足屋町内より応募された方々で、全員が南観音山の保存に係わっておられます。この町内に住むことは、祇園祭に関係することになるため、居住者の募集にあたっては公募せず、百足屋町に元々住んでおられた方や、南観音山保存会に関係する方を限定して募集されました。住民のお一人である建設組合の組合長が、住宅内の費用負担や住まいの決まりごと等の調整だけでなく、南観音山保存会や祇園祭の間に会所をご使用になる町内会との調整についての窓口を担われました。

共同住宅の７戸の住まいは、それぞれにライフステージが異なり、住まいに対する思いは様々でした。細長い敷地形状での計画で、採光等の確保のために基本設計段階で決定した住戸割りは当初シンプルなものでしたが、住民の方々で話合いをもたれ、権利関係を調整した後に、メゾネットのある住まいや、豊かな吹抜けのある住まいが実現しました。

特に、建設組合長の住まいづくり（ものづくり）に対する姿勢には、設計者として襟を正す思いがしました。どんな小さな部材でもカタログやインターネットの情報でなく必ず自分の目で確認すること、参考になるものがあれば遠路でも体験すること、既成の考えにとらわれず柔軟に自分の暮らしの場を実現すること。時間と手間を惜しまないことがものづくりに大切であることを改めて実感しました。

(5) 町家と住宅の共同建替え

建替え前の敷地は、前面道路(新町通)に面して町家(ちょういえ)があり、町家の1階部分のトンネル状の通路を通った先に、南観音山の部材や観音様を収蔵する蔵、木造の住宅が建っていました。町家や住宅、路地の底地は長い年月の間に細分化され、公益社団法人と個人の土地が混在している状況でした。

まず、建替えに際して、細分化された土地の権利関係を整理し、全て建設組合の所有とされました。しかし、公益財団法人である南観音山保存会と共同住宅が一つの建物になっても、将来的に財産区分が明確に行われるように、町家部分と住宅部分をエキスパンションジョイントで構造的に分離し、その分離した部分を任意の土地境界線として設定できるようにしました。それぞれの所有の建物部分が建つ土地を竣工後に分筆し、財産の範囲が明確になるように、土地と建物の財産区分について、建設委員会で何度も協議を重ねられました。住宅部分へは建替え後も町家

共同住宅は、1831(天保2年)に建てられた蔵を囲むように建設されました。

の一部のトンネル状の路地を通らなければアプローチできませんが、路地の部分は通行地役権を設定することで権利関係を明確化するという考え方です。

これらの権利関係の協議については、建設組合と契約を結ぶ土地家屋調査士、行政書士の方々の専門的なアドバイスを経て進められました。保存会と住宅の土地の決められた面積を守りつつ、建物の各部分が法的に成立し、それぞれの機能が満足できるように、町家と蔵、共同住宅の範囲を設定することについては、多くの工夫が必要でした。

（6）おわりに

この事業は、路地に面した住まいの継続の方法として、一つの方向を示すものですが、町家と住宅の共同建替えにおいては、様々な懸案事項がありました。建設を支えた方々が、これまで共にお祭りを支えてきたという協同の歴史があったからこそ実現できた事業だと思います。この事業に設計者として携わることができたのは、貴重な経験になりました。

参考文献

谷直樹・増井正哉『まち祇園祭すまい――都市祭礼の現代』（思文閣出版、1997年）

百足屋町史編纂委員会監修『祇園祭南観音山の百足屋町の今むかし』（百足屋町史・巻２、同刊行会、2005年）

『密集地・細街路における防災まちづくりのすすめ――災害に強いまちを目指して』（京都市都市計画局まち再生・創造推進室、2015年）

【富永斉美】

3　地域とつながっていくのが生きるみち——高野団地

（1）団地のかかえる課題

高野団地は、左京区高野の鐘紡京都工場の跡地に、住宅公団によって1980年代初頭に建設された三つの団地、合計1000戸を超える大所帯です。入居時の人気も高かった団地で、若い核家族の入居が多く、住み続けている世帯が多いといわれています。ですので、当初の入居世帯は今、老年夫婦や一人暮らしとなっているところも増えています。孤独死をされた方もおられるといいます。

一方、空き住戸がでたときに親の世帯を呼び寄せたり、また子世帯のための住戸として購入したり、といった複数所有も一定数あり、ひと頃よりは減ったとはいえ、子どもの声が聞こえる団地となっています。

（2）パチンコ店出店計画反対運動

そんな高野団地の隣接地に、2013年夏、パチンコ店建設問題が起こりました。それまで団地の運営などにはあまり積極的にかかわらなかった私も、「これは何かしないとアカン」と思いました。20年住んで、いろいろな思い出が詰まった環境をまもり、これからも暮らしていくだろうまちを良くしたいからです。自宅で仕事をしていた時期とも重なり、なおさらその思いが強かったし、いろいろな情報も集まり、身軽にも動けたのです。

地域では、近隣のお町内、団地、マンション、保育園などで対策協議会をつくりました。署名集め、京都市や議会への働きかけ、『高野まち新聞』をつくったり、「パチンコ店反対野菜」を育てたり、考え得ることはすべてやってきたのではないかと思います。私も、地域に住む数名の建築の専門家と協力して、建築基準法や都市計画法上の問題チェックや集会などを通して、みんなから寄せられた思いをもとにした「まちづくり憲章」案の起草、地区計画づくりに向けた取組みなどにかかわりました。地区計画案をもって一軒一軒説明に歩いたのもなつかしいことです。

旧鐘紡京都工場の建物を保存再利用している団地の管理事務所棟

(3)「高野赤れんがまちづくり憲章」から業者の撤退

「まちづくり憲章」は、1980年代のバブルの時期に京都をおそった高層マンションラッシュのなか、現行の都市計画制度ではまちと生活を守れない苦しさのなか、自分たちのまちの目標を「憲章・宣言」として明文化し、公に発表する運動です。法的な強制力はないものの、強くアピールし、開発業者にたいしてさまざまな譲歩を勝ち取ってきたのです。大学時代、住民運動の現場に参加させてもらい、いくつもの「まちづくり憲章」をみてきた立場として、私たちのまちでも「まちづくり憲章」をつくることを提案しました。

私たちの住む地域には、住民が共有しているであろうまちのイメージがあります。静かな住宅街でありながら、買い物や交通の利便もある地域です。そして、すぐそばには高野川、高野団地自体も緑豊かで秋の紅葉も美しい、ひとことでいえば、とても恵まれて住みやすい地域です。

できあがった文面をみて、団地在住のイラストレーターが文言を表わす挿

パチンコ問題がおこったときの最初の地域ビラ

絵を描いてくれて、親しみやすい「まちづくり憲章」（案）ができました。とはいえ1000を超える世帯での合意形成は簡単ではありません。「高野パチンコ店建設反対住民連絡協議会」主催のイベントで発表・採択された後、かかわる町内会・団地・マンション管理組合を通じて全戸配布がされ、徐々にみんなのものにしていくことにしたのです。

「パチンコ店反対野菜づくり」のひとコマ

たたかいが裁判にもちこまれても、毎月の「つきいちイベント」を高野第３住宅の赤れんが広場で継続し、知り合いや団地在住の音楽家によるミニライブや落語を楽しみながら、運動資金づくりもかねてカレーや手作りお菓子も販売し、情報の発信、共有、交流をし続けました。

「まちづくり憲章」は、運動のいろいろな局面で立ち戻る場所としてあり、運動を続けていく力にもなったのではないでしょうか？　そして、この運動を通じて、「この問題がずっと続いてくれたらよいのに」という冗談がでるほど、いろいろな人のつながりができました。

４年の歳月を経た2017年の夏の終わり、業者が土地を転売するというかたちで問題はひとまずの決着をみました。直接は、建築基準法施行条例第１条１項一号違反で計画は頓挫したのですが、やはり住民の粘り強い取組みが業者を断念させる大きな力になったと思っています。高野団地という団地と地域の関係も、この運動をきっかけとして深まっていったように感じます。

（４）団地のなかの動きの活発化

さて、もう一度団地のなかに目を向けてみると、築40年の経過のなかで、さまざまな課題が見えてきています。冒頭述べたような、高齢化に対応したさまざまな問題、耐震・防災の問題、長期修繕計画の方針などです。それらに対応するネットワーク・仕組みも充実してきているように思います。

「パチンコ店対策委員会」は、引き続き「まちづくり委員会」として活動を続けています。現在、敷地を取得した企業が商業施設を計画中ですが、パチンコ店反対の大きな理由は生活道路への大量の車の進入と夜遅くまでの営業への不安でしたので、今回も協議をしていくことになります。同時に、パチンコ店問題のときから将来を見通して取り組んできた、風俗営業を規制する地区計画づくりにも取り組んでいます。

私たちの住む団地では、管理組合のもとに、従来からある「修繕委員会」などの専門委員会にくわえて、「将来ビジョン検討委員会」がつくられました。また、団地のなかのコミュニティとしては、建設当初から子ども会はありますが、若めの敬老会もつくられ、日常的なサークル活動やオープンカフェに取り組んでおられます。

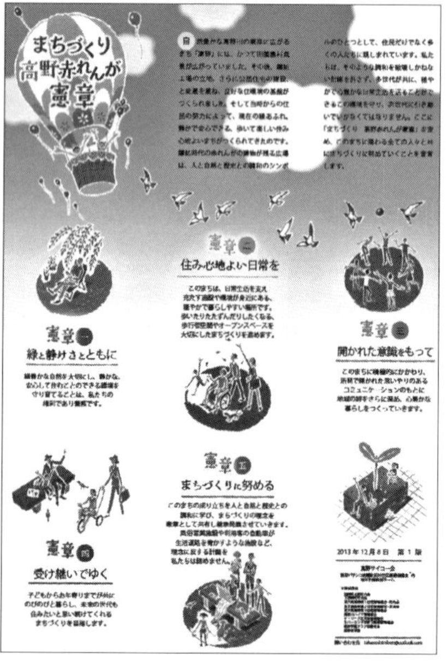

「高野赤れんがまちづくり憲章」

（5）高野団地の歴史とこれから

高野団地は、広大な工場跡地に住宅公団によって建設された団地です。もともと住んでいた人たちにしてみたら、いっきょに1000世帯を超える大団地が発生するのですから、隣接町内と住宅公団の間では団地のありかたについて相当な協議がおこなわれていたのでした。

建設後に入居してきた団地住民はそのような団地前史を知るよしもなかったのですが、パチンコ店出店計画にたいする運動のなかで、隣接する町内に住んでいる方から教えてもらったことがあります。たとえば、公団の設計では、大原道沿いの団地敷地に地域に開放された散歩道が計画されていたのですが、そこにある植栽は、団地同士が向かい合う範囲は落葉樹、通りをはさんで町内と向かい合う範囲は常緑樹がほどこされていて、互いにプライバシーを守るよう配慮されているというのです。そして、三つの団地の交点となる場所の赤れんが広場は、団地内外の地域の人々の憩いスペースとして計画されたものであり、実際にも多くの人に親しまれているし、保育園の子どもたちのお散歩コースともなっています。

当たり前といえば当たり前ですが、そんなことを知ると改めて地域と団地は無関係ではなく、いっしょにまちづくりを考えていくことが自然なことだと感じます。実は、パチンコ問題の只中、パチンコをする人

団地の赤れんが広場の様子

団地の散歩道　地域に開放されています。

たちが団地内に入ってくるのを不安に感じて、散歩道や赤れんが広場を外から入れないようにしようという意見もちらほらと出てきたのも事実です。しかし、地域の人たちに開放されている赤れんが広場、散歩道、恵まれた緑……、団地の敷地ではありますが、こうしたものを大切にして、さらに磨きをかけていくことこそが、安全な団地づくり・まちづくりにプラスなのではないかと考えています。

違う意見の方もたくさんおられるのが当たり前、率直に意見を出し合える場をつくりながら、団地と地域のまちづくりに少しでもかかわっていきたいと思っています。

おわりに

この取組みのなかで知り合った女性が、実はずっと前から、毎日の登校時に団地の入り口に立って子どもたちの安全を見守ってくれていたことを知りました。あわただしく暮らすなかで、団地は地域の人たちに支えられているということに思いをいたさずに暮らしてきましたが、この運動にかかわるなかで、そういうところも見直していきたいと感じたのでした。

【小伊藤直哉】

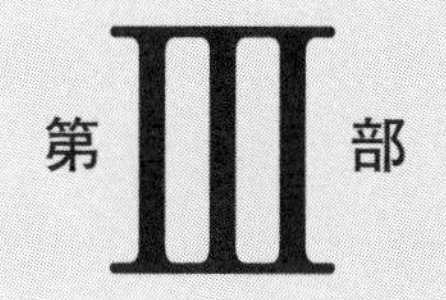

第III部

地域密着の施設づくりのビジョン

第1章

地域の中で育ち合う子どもたち

少子・高齢社会の社会現象が不可避の未来の様相に世をみなすようになって久しいけれども、逆に、地域社会において、社会的支援をもとに子どもを生み・育て・成長させる社会の仕組み、それを支える施設等を強く求める地域住民の要求はますます高まっている、というのが本当の姿であるように私たちは捉えます。

子どもの成長に未来を託そうという信念は、共同社会のこれからのあり方を左右する、古来、共同体を貫く人びとの希望ではないでしょうか。その希望を実現する過程にかかわる地域住民と行動をともにしつつ、その施設設計や支援活動にかかわる私たちも、職能人としての確信を深める重要な機会でもあるのです。

それは、技術的・専門的な貢献、支援サービスの職能についての新たな気付きだけでなく、コミュニティを担う主体としての地域住民の共同の力に直に接することによる感動を含むものと言えます。

1　親も子も育つ保育園
――「みつばち保育園」の事例

保育園は初めて子どもを持った親達が出会い、子どもも親も保育者と共に「共育て、共育ち」するところです。昔からあった「人の手を借りながら子育てはするもの」という子育ての極意が実践されている場所でもあります。餅つきから始まって、みんなで楽しむ季節に応じた行事が保育園では生きています。個々の家庭だけでは出来ない、そういう意味では昔の大家族や地域社会的な役割を保育園は果たしてきていると言えるでしょう。

(1) みつばち保育園との出会い

1998年のほんとうに蒸し暑い夏の日に訪れた園舎は、トタン葺きの元染工場を改装したもので、京都のど真ん中で路地に囲まれた園庭もない保育園でした。

玄関を開けるとそこはトイレで満足そうに鎮座する子、頭のてっぺんからご飯粒のついた体を気持ち良さそうにシャワーで洗い流している子、当然のことながら床はびちょびちょです。それでも中に分け入ると、パンツの子、裸の子、寝ている子、食べている子、騒いでいる子、ワンフロアーで大きい子も小さい子も一緒に生活している様子と混沌ぶりに、カルチャーショックを受けたことを鮮明に覚えています。圧倒されつつもその場で子どもたちの様子を眺めていると、狭い空間の中では無秩序に見えた光景も、それぞれに順番があって、才児毎あるいは生活のリズムに合わせて、遊ぶ、食べる、寝る、一連の動作が流れのように次々と変化して、寝息へと静まり返っていきました。

これが保育体験の第1日目、みつばち保育園との出会いでした。

「みつばち保育園」本園の外観

(2) 認可運動と園舎の設計

「みつばち保育園」は、京都市中京区の壬生(みぶ)で24年間もの間、京都市独自の0・1・2才児を対象とした家庭的保育制度である昼間里親を運営してこられました。その間、みつばち保育園に残って保育を受けたいという3才児以上の子どもたちやその保護者の要望を受け入れ、就学までは無認可保育園として運営していました。

でも無認可のままでは、予算も保障もない状態です。「認可をとって、公的な保障のもと安定した保育を続け、みつばちが大事にしている保育を残したい。」「夢をかたちに…みんなで認可保育園をつくろう！」当時の野上園長を中心に話し合いが始まったのが1996年、認可をめざす取組みの始まりです。

シンボルツリーのイチョウの木

まずは土地探し、京都市と

の交渉、土地を購入するための資金集め、園舎設計に向けての設計事務所の選定、ありとあらゆることを保育士、保護者、時には子どもたちをも巻き込んで、現役、OBの区別もなく一丸となって進められました。

「みつばち保育園」ホールでの朝のロールマット体操

その甲斐あって2000年夏、西京区の桂離宮にほど近い区画整理地域に約220坪の土地を購入し、社会福祉法人が新設されました。本園舎は、子どもを中心に、わたしたち設計者と職員、保護者みんなで考えた保育園づくりでした。この間の並々ならぬ運動の成果、それぞれの立場での熱い想いは、15周年の記念誌に記されています。

野菜たっぷりの給食

（3）保育理念が表れた園舎づくり

みつばちの保育にはいくつかのキーワードがあります。

「子どもらに緑と土と太陽を！」――子どもには本物を見せ触れさせたいとの思いから、園バスを使って市内中を庭にして駆け巡り毎日遊ぶ。／「見通しの良さを大切に」――兄弟がたくさん居る大家族のような保育園、光と風につつまれた郷（さと）のようなお家。異年齢の子どもたちがお互いを見つめ合って育ち合う空間、園内どこにいても見渡すことができるので、子どもたちが周囲の様子を把握し、自分の生活に見通しがもちやすい。／「保護者と共に歩み、育ち合う」「どの子もわが子」――保護者と保育者は共に悩み、子どもの成長を喜び合い夢を語る。／「心と体を育てる給食」――野菜たっぷり

園庭の一コマ

「みつばち保育園」１５周年記念行事の様子

の給食は和食中心、食べることが好きになる気持ちを育てるために「食」を身近に感じて欲しい。体づくりの基礎だから……／そして「リズムでしなやかな体づくりを」。

こうして出来上がった「みつばち保育園本園」は、年齢別クラス編成ですが、年齢別の保育室は設けないホール中心型です。ただ、落ち着いた空間を保障するために、０才児の部屋は確保されています。その０才児室からも、ホールや園庭で遊ぶ子どもたちの姿は良く見えるのです。また、「食」を大切にという強い思いから、調理室はホールを見渡せる一番良い場所にあり、手前の保育室はランチルームやクッキングの部屋として大活躍です。低いカウンターからは調理される食材や工程がしっかり見え、音や匂いが子どもたちを包みます。

（4）みつばち保育園から「みつばち菜の花保育園」へ

2000年の竣工当時は60人定員。2004年、園庭に「離れ」を増築し75人定員となり、2007年には近隣に借地を求めて分園「北園舎」を建築、現在の定員は90人です。シンボルツリーも、もみの木からイチョウに変わり、歳月を重ねた本園舎には、落ち着いた風格が備わってきたように思います。

定員を増やし続けた後も、待機児問題の根本的な解決には至らず、本園に入園できなかった子どもたちは、隣接する右京区で認可をめざす無認可「ひ

「みつばち菜の花保育園」の外観

生け垣は低く楽しく、地域の人からよく見えます。

かりかぜ保育園」で受け入れてもらう体制を取りました。その子どもの数も65名に達し、職員の提携や研修を協力する中、「ひかりかぜ」をみつばち保育園の第二園とするために、土地探しと認可運動が再び始まります。

2012年の春に竣工した「みつばち菜の花保育園」は、道路からのアプローチが異なるものの、基本的な設計コンセプトは本園とまったく同じです。本園が徐々に定員を増やしていったのに対し、「ひかりかぜ」の在園児を全員受け入れるため、当初から定員は90人です。

ホールの広さは本園の9m角から12mになりました。これは保育者と保護者の強い要望で、子どもが伸び伸びリズム*のできる大きなホールです。逆に、本園にはなかった機能が、病児・病後児を受け入れるための多目的室と、地域に開放するために設けられた子育て支援室です。子育て支援室は、地域向けのイベントや研修会の他、会議室や実習生の受け入れなど便利に活用されています。

＊ リズム：音楽を用いて体を動かすことで、感覚神経と運動神経の発達をうながす取組み。

「みつばち菜の花保育園」の広いホール

乳児室。窓の外は向いの公園。

お昼ご飯の風景

（5）保護者と協同の運動を広げ受け継ぐこと

この２ヶ園の建設を支えたのがそれぞれの保育園の「つくる会」です。補助金の対象にならない土地の購入資金は、寄付金や出資金を募って何億ものお金を短期間で調達しなければなりません。建設に直接かかわった職員や保護者たちは、「みつばちの保育を残したい・広げたい」という信念と地道な努力で、新しい地域でも手分けして「つくる会ニュース」や地域新聞を全戸配布し、地域のめぼしいテナントに軒並みパンフレットを置いてもらって寄付金や出資のお願いを続け購入資金を集めきりました。

園舎建設後の「つくる会」の役割は、土地購入資金の返済と共にみつばち保育園が京都の保育の発展に寄与することができるよう必要な活動を行うことを目的としています。園舎ができあがった状態で入園してきた保護者や新しい職員たちに、当時の熱い想いをどのように伝えて運動を繋げていくのかが大きな課題でした。野上元園長いわく、「中京で大事にしていた保育を新園に引き継ぐこと。何といっても保育ありきだから保育に惚れ込んでもらうこと。惚れ込んで初めて自分の子育ての手が離れてもこの保育を残さないと、と思ってくださるわけですから。」中京で行なっていた毎月の懇談会も、両園とも丁寧に続けておられます。つくる会の活動も基盤に乗っていき、どんどん広がりをみせています。

「みつばち菜の花保育園」園庭での一コマ

資金集めのための部活動も活発で、事務局・資金部をはじめ、職員部・お父ちゃん部までできて、それぞれに年間の目標額を設定してバザーやフリーマーケットに出店したり、地域やもっと広く外部に向けて多彩な企画を打っておられます。借金返済のためのお金集めですが、そのモットーは「楽しくコツコツ貯める」です。その活動の中で、さらに保護者同士の輪が広がり、職員やOBとの結び付きも深まっているようです。

（6）新たな地域に根ざすということ

保育園は地域を支える福祉施設です。「みつばち保育園」自体も、中京で無認可保育園を営んでいた時代から西京区に本園を建設して移った後も、地域との関わりを大切にし、設計にあたっても地域の拠点となり得ることは重要な要素でした。しかし、「みつばち菜の花保育園」の建設にあたっては、新たな土地で園舎を建設するための行政とのやり取りの中で、計画公表のタイミングの悪さと最初の情報伝達のまずさが、近接する住民の方々の不信感を買い、厳しい反対にあいました。何度も開催された近隣説明会では、感情的で先の見えない話し合いにも粘り強く対応を続けました。

開園してからも今日まで、地域担当の職員が行事前の挨拶廻りや地域向けの行事の案内など、その都度丁寧な対応を続けておられるので、少しずつ良好な関係が築かれているように感じています。保育園ができることを心待ちにする人がいる地域でも、子どもの泣き声や騒音、駐車車両などの問題は、隣接する近隣の方々には丁寧に対応していかないといけないことを改めて考えさせられました。

地域新聞の配布は今でも続けておられます。子どもたちのお散歩コースで知り合った畑の生産者さんと知り合ってお野菜を届けてもらったり、近所の藍染め屋さんともお付き合いができて染めの体験もしているそうです。卒園児や通学で前を通って保育園を覗いていた学童が、ボランティア学習としてやってきます。子どもたちの輪は、大人達の輪もどんどん広げます。「みつばち保育園」と「みつばち菜の花保育園」それぞれに、地域の子育て拠点として根付きながら、保育園があってホッとすると思われるような存在であり続けて欲しいと願います。

【成宮範子】

2　つながる子育て――「助産師会館」の事例

(1) 妊産婦、乳幼児を抱える家族

少子高齢化が深刻に迫り、女性が社会で働くことが当たり前になり、多くの親が核家族や共働きの家族形態で子育てをしています。そして当たり前の流れとして、子育て支援が強調される世の中になっています。しかし、妊産婦の置かれている状況、乳幼児を抱える家族、子育て中の家族の置かれている状況は厳しさをたくさん抱えています。高齢出産、多胎児出産をはじめ、妊娠出産に関わる不安、出産後始まる初めての育児、親の置かれているさまざまな社会情勢からくる家庭へのしわ寄せ。子どもが健やかに育ち、親も笑顔で暮らしていくためには、子育てには多くの大人の力が必要です。

私が公益社団法人京都府助産師会と出会ったのは、私自身の妊娠がきっかけでした。妊婦時代から乳児の母時代を通して、助産師会館に足を運び、さまざまな相談にのっていただき、そして子育ての仲間ができました。子育てに関する多様な情報が溢れるなか、助産師会館には、助産師さんがいて、医学的な知識を持って母体のことや子どものことの相談にのっておられる、ということを頼もしく感じていました。

(2) 助産師会の役割

助産師さんは昔は産婆さんとよばれていました。産婆さんは、分娩の時だけでなく、生涯を通じて世代を超えて様々な相談にのってくれる地域のお母さんのような存在でした。同じように、助産師さんの役割は、分娩時のお世話だけではありません。京都府助産師会では、妊産婦や乳児の家庭訪問、子育て講習会や相談会、父親や祖父母向けの講習会といった、地域ぐるみや多

「ベビーマッサージぴかぴか」（親同士の情報交換や助産師のミニ講座がありながらのベビーマッサージ）

男性向け「パパプロ講座」（父親と子どもだけで参加する育児講座）

「ミニ講座」（離乳食のこと職場復帰のことなど様々なテーマで行われています）

「いのちのふれ愛講座」（助産師会の性教育事業チームによる性と生の出前授業です）

（写真は全て京都府助産師会ＨＰより）

世代に渡る子育て支援、その他にも小中高生や保護者などに向けた性や生についての出張講座、女性の性についての生涯を通じた相談、加えて、潜在助産師復職支援事業なども行われています。

（3）京都府助産師会館の建替え

私が育休明けで職場復帰してすぐに、勤めていた事務所に助産師会館建替えの相談がありました。老朽化した助産師会館を次世代の助産師会に引き継いでいくために、当時使わなくなっていた入院分娩施設を含んだ大きな助産師会館を解体し、機能を絞ったコンパクトな会館に建て替えるということでした。それに伴って、今後求められる助産師会の役割を見通して、必要になる機能を盛り込むことになっていました。思い入れの深かった当時の助産師会館の建物の解体・建替えです。利用者であった自分自身の感じてきたことを伝え、一緒に新しい助産師会館づくりに加わりたいという思いが通じて、設計・監理を依頼していただけることになりました。

(4) 残すものと変えるもの

80年前に資金を出し合って建てられた助産師会館は、歴代の助産師さん達によって維持・管理されてきました。会館建替えに対する思いは、会員の助産師さんそれぞれにさまざまでした。それでも、建替えを決めたのだからいいものを建てたい、という会員の方々の思いを背負って、建設委員会が立ち上げられました。

建設委員会では、当時の会館から何を残すのか、何を変えるのか、これから助産師会が担っていく役割を新しい会館でどう実現していくのか、議論しながら設計を進めていきました。ここで議論された内容が会員の助産師さんたちに伝えられ、要望が集まってくる、そういったことを繰り返し、イメージが固まっていきました。「訪れる人たちが、安心してゆったりとくつろげるような、第2の実家のような、心に残る場所」、そんな建物を目指すことになりました。ともすれば不安に陥ってしまうかもしれない多くの親子を、いつもやさしく迎えられるような建物のイメージです。

2011年に建替えが完成した京都府助産師会館 「第2の実家」のような場所をめざしました。 (施工者提供)

木造の二階建ての、すまいのような、でも少し華のある建物になりました。乳幼児が寝転んだりハイハイ

（施工者提供）

玄関
出入りに時間が掛かる子ども達の移動も空間を広く取ることでゆっくりとできるようにしています。

助産師会館の多様な事業それぞれのテーマカラーで構成したステンドグラス（筆者撮影）

1階玄関から続く大広間
ここでほとんどの事業が行われています。

階段を上がって2階のホールにある、ちょっとしたコーナー
簡単な相談や応接の場所です。

したりすることを想定して、床は松の無垢板を張りました。桧の柱の真壁造り、双子用ベビーカーでの出入りを前提とした広い玄関は、吹き抜けに大黒柱が立ち、丸太の梁が掛かる、田舎のおばあちゃんの家のような懐かしさも感じる造りです。

大広間には、子どもたちがお昼寝できるような畳の小上がりがあります。おむつ替えや授乳も気軽に行えて、自然に相談やおしゃべりが始まります。大広

旧会館から引き継いだ松の天井材を一部、
再利用しています
（左：施工者提供、上：筆者撮影）

間から前庭に面して濡れ縁があり、親は座って、遊ぶ子たちを見守ることができます。助産師会館に来れば、建物はゆったりと不自由なく、そして助産師さんや月齢の近い子どもを育てる仲間がいる、ほっと安心できる場所です。

また、子育て支援事業をさらに展開していくために、沐浴指導用に家庭と同サイズの洗面台を設置したり、込み入った相談ができる和室の個室や、妊産婦や小さな子ども連れの親が使いやすい水まわりを作ったりしています。

旧会館の記憶をどこかに留めようと、引き継いだものもあります。旧会館の大広間には、京都御所から貰い受けたと伝わる、松の格天井が張られていました。その天井材を残し、新しい会館の玄関の天井の一部に再利用したり、玄関の表札や歴代会長の写真パネルにも使用しました。

（5）子育て支援のアプローチ

助産師さんに頂いた名刺に“あなたのそばには助産師がいます”とあったのに、母親として救われた思いをしたことを覚えています。その時の安堵感を訪れる人たちに感じてもらいたくて、玄関の表札にこの言葉を印字してもらいました。

助産師会で行われている支援の多くは、予防だと言えます。なにか困ったことが起こり始める前に、辛くなりだす前に、寄り添ってくれる人がいるとわかること、子育てはひとりで抱え込んでがんばらなくてもいい、多くの大人で力を貸し合ってするものだと思えることが支援になっています。

今、このような役割をする地域子育て支援拠点事業を担う場所が保育園や児童館など増えています。子育て当事者や経験者が主体となった、子ども食堂や居場所、親同士の繋がりによる支援拠点も増えてきました。親子の日常生活の中にいくつもの支援拠点があり、生活シーンに溶け込んでいます。真にこのような場所が求められている、ということの現れなのだと感じています。子育て支援を担う場所がさまざまな形態で存在して、さまざまな親がさまざまな方法でその場所に出会える、ということが大切なのでしょう。

（6）親として成長する場

もっと子どものこと、食べ物のこと、環境のこと、平和のこと等々、親として考えたいこと、やりたいことが本当はたくさんあります。ひとりでは時間不足、力不足で手が届かないと思えることも、相談できる、話し合える、分かり合える場や仲間があることで、未来が開かれていきます。

地域で育つ親子を受け入れる子育て支援拠点は、同じ地域に住む、同世代の子どもを育てる親同士の新しい出会いがあります。新しい繋がりが生まれ広がります。子どもたちが幸せに育つという目的を共有し、子育てを通じてもたらされる多くの気付きや学びを分かち合い、子育てを喜び合える、未来を一緒に語っていける、そんな、親として成長できる場でもあると思っています。

【丹原あかね】

第2章

住み慣れた地域で暮らす、暮らす地域に住み慣れる

前章でみたような現代の地域コミュニティでは、現象的には高齢者の単身世帯や何らかの身体的サポートを必要とする方々などがだんだん増えてきて、日常の生活の維持を支援する必要が高まっています。

こうした状況のもとで、地域住民は、支援の活動を自らの課題とし、あるいは施設立地の話し合いなどを機会として社会福祉法人などとの連携のもとで、住み続けられるコミュニティづくりに取り組むようになっています。人間は誰しも、地域コミュニティに抱かれつつ住み続けられることを願い、馴染み深い場所とのつながりにかけがえのない愛着と一体感を抱くものです。

各地の施設づくりが、そのための重要な機会となっているだけでなく、地域住民同士、施設利用者の尊厳を守り、互いに励まし合い、友愛を持ってつながる核とする施設づくりの実践が、いま京都市内で展開しています。

1　高齢者福祉施設と地域サロンと住み慣れた自宅——「生活支援総合センター姉小路」の事例

（1）建物概要

堀川通姉小路（あねやこうじ）下る東側に「生活支援総合センター姉小路」（以下「姉小路」）はあります。昔は市電の走る東堀川通に面していて堀川に水も流れていたそうですが、今は拡幅され幹線道路になっています。また、この地域は二条城の巽（たつみ）の方角（南東）にあり、城巽（じょうそん）学区と呼ばれています。2003年に開設された「姉小路」には、小規模ながらたくさんの用途が含まれています。介護保険制度がスタートして間もない時期に建ち、現在の小規模多機能施設やサービス付き高齢者向け住宅の草分けのような施設でもあります。

通りに面した1階には、誰もが気軽に利用できる地域交流スペース「サロ

高層マンションの多い堀川通に建つ「姉小路」の外観

ンひだまり」があり、玄関から路地を抜けると中庭とそれに面した厨房、奥には元地権者・石黒夫妻の住宅があります。

２階には、事務室、居宅介護支援事業所とデイサービスセンター、３階４階は、各９人のユニット型グループホーム、５階には、ホームヘルパーステーションと高齢者障がい者のための賃貸住宅があります。そして屋上は緑化し、みんなの共用スペースになっています。これらが、エレベーターと階段による縦路地で繋がれています。

RF
屋上庭園
屋上庭園
EV

SF
賃貸住宅
ヘルパーステーション
193㎡
住宅1
住宅2
住宅3
EV
ヘルパーステーション

4F
グループホーム
いちょう
233㎡
EV
3階と同じ

3F
グループホーム
けやき
233㎡
EV
居間・食堂

2F
ディサービスセンター
240㎡
EV
デイルーム
事務室

1F
サロンひだまり
石黒邸、主厨房
239㎡
堀川通
EV
主厨房
石黒邸
中庭
サロンひだまり

ゾーニング図

（２）成り立ち

地主さんからの相談

1996年のある日、石黒夫妻が訪ねてこられました。自分の住む土地についての相談です。堀川通に面して利便性の高い一等地で、当時、高いマンションやホテルがどんどん建ち始め、地価も高騰して売却の誘いがいっぱい舞い込む様子でした。

「土地は社会のものやと思う。私たちには子どももいないしこの土地を引き継ぐ者はいない。何か社会の役に立つようなことに使って欲しい。」石黒さんたちは、そう言いました。石黒さんたちの条件は二つ、自分たちが安心して最後まで住み続けられる住まいが、その中の1階に（地べたに）あること。五階建てまでの建物にすること。

構想作り

そんな地主さんもおられるのかと驚き共感し、何を作るべきなのか一緒に考える模索が始まりました。まず始めたのが、敷地調査と周辺ウォッチングです。歩いて見えてきたのは、大通りに林立する高層建築物の内側に、昔ながらの路地奥の長屋や戸建ての密集する町並みと、人々の暮らしぶりです。とりわけ、一人暮らしや高齢夫婦世帯が増えてきていることや、住まいや健康に対する不安が高まっているのに実際の支援が乏しいことが見えてきました。

そこで、高齢者福祉の事業所として歴史も実績もある「社会福祉法人七野会」に石黒さんの思いを伝え、一緒に学習会に参加してもらいながら、ここで高齢者福祉施設を事業展開していただく見通しとなりました。

1998年から「石黒サロン」と称した定例学習会を始め、2001年まで計14回続きました。まちなかの高齢者施設づくりを念頭に、中京区の高齢者の置かれている現状や、福祉の現場に働く方々の話など、いろんな切り口で話を聞き学習と計画案を作っていきました。同時に、この取組みに賛同し協力してくれる人を募り、2001年、200名余りの賛同者を得て「小規模多機能施設『城巽』をつくる会」が結成されました。

この間、全国あちこちの類似施設見学やグループホーム研究集会への参加も積極的にしました。ご当地のおいしいものを食べながら楽しく真剣な議論を重ねつつ、互いの信頼も深まっていきました。そうして建物の構想が固まっていき、石黒さんは法人に土地を提供し、一角に自分の家を得ることが決まりました。

石黒宅を引き継ぐ

従前の石黒宅は、面白い構成をしていました。表に面した石黒さんの住む家には、真ん中に通り庭が抜けていて、その両側に表に面して二つの部屋があり、一部屋は着物の小物問屋さんが借りていました。もう一つは、サロンのようにいろんな集まりに利用されていました。２階は、昔学生下宿として使われていたそうで、階段は通りに面して付けられていました。また、敷地内の南側に細い通路があり、その奥には別棟で、長屋のように部屋があり、当時は小さな事務所が間借りをしていました。

中庭奥の石黒邸

一つの敷地に沢山の人たちが、付かず離れずの関係で住みあっていたのです。この住み方を引き継ぎ、縦路地でつなごう、これがこの建物の構成コンセプトです。表から誰でも入れる路地があり、真ん中に風の通りや光の井戸として欠かせない装置として中庭を設けます。その奥に石黒さんの家。表の道から玄関前まで自転車でアクセスでき、「石黒さんいる～？」と誰でも気軽に訪れることができる今までどおりの暮らしです。

(2) それぞれの使われ方と地域との関わり

「サロンひだまり」は、できた当初から町内の地蔵盆の場所に使われ、学区の「すこやかサロン」や「認知症安心サポーター養成講座」の場所として使われたり、誰でも気軽に利用できるため料理教室や断酒会など、様々に利用されています。数年前からは、「姉カフェ」と呼ばれる認知症カフェが始まりました。誰でも参加でき、笑いヨガや手作りおやつが人気です。

厨房では、365日昼夜の配食サービスで、高齢者の食の確保と安否確認に

グループホーム「けやき」の居間・食堂

取り組んでいます。2016年には、町内と防災協定を締結し、災害時の避難場所として開放する取り決めがされました。

デイサービスセンターは定員27名、365日利用可能です。アットホームな雰囲気づくりと、リハビリや夕食後の送りなど地域の要求を細かく反映した運営がされています。

「グループホームけやき・いちょう」では、共に食べ、働き、笑い、泣き…ながら、最後まで自分らしくあり続ける暮らしが実践されています。窓から見える三条商店街へ、毎日お買い物に出かけたり、学区や町内の行事に出かけたり。町内のお地蔵さんのお掃除とお花生けの当番を、いつからか、「けやき・いちょう」の人々で担うようになり、町内に住む自覚や喜びにつながっているそうです。また、地蔵盆の日にはここでカレーが振舞われ、交流が深まっています。

5階の安心住宅には、緊急用ボタンが設置され、グループホームとつながれています。デイにボランティアで参加したり、いろんな行事に参加でき、認知症が始まって4階に引越した人もいます。1室を改装し、2013年に開設されたホームヘルパーステーションは、居宅介護やデイ、配食サービスと連携して365日稼働し、地域の暮らしを支えています。

屋上は、遠くを眺め、外気浴、日光浴が出来る共用の庭。バーベキューをしたり、お月見をしたり、送り火の日には地域にも開放されます。専門家の協力も得て花や野菜も育てられています。またこの頃は、消防署による町内の避難訓練の場にもなっています。

（3）石黒さんの暮らし

石黒さんの家は、ふんだんに杉の無垢板を使った木造住宅のようなしつらえです。東に小さな専用庭があり、そこから柔らかな光が差し込み、近隣の気配も伺うことができます。かつての家に比べて、夏涼しく冬暖かく静かで快適だといいます。

徹さんは、今年後期高齢者の仲間入り、今までに大きな手術や病気を何度も経験してきましたが、いつも好奇心と楽しさにあふれています。「姉小路」に住み始めてすぐに屋上で夏野菜作りに取り組みました。日当たりの良い屋上で、野菜はぐんぐん育ち、鈴なりになった茄子や胡瓜を配って回ります。いちょうやけやきの人々は、石黒さんのことは忘れても、しゃきしゃきの胡瓜の歯ごたえはしっかり覚えているといいます。ゴーヤも人気で、地蔵盆のカレーには必ず入ります。「姉小路10周年」の年には、千成り瓢箪を栽培し、山仲間の若きアーティストに

石黒邸の内観　裏庭には野鳥がきます。

屋上はみんなの憩いのスペース

螺鈿と絵付けを施してもらい、立派なお守りに仕上げて各階に手渡しました。デイサービスで麻雀の面子が足りない時はボランティアで参加したり、職員の飲み会に誘われたり、ちょっと気になることがある時は忌憚のない意見を聞いてもらったり。

お佐代さんは、笑いヨガにボランティアとして参加したり、着付け教室をしたり、自分の趣味や健康管理と重ねながら、「姉小路」と付かず離れずの暮らしぶりです。留守をしている時に雨が降り、帰ってきたら、「洗濯物入れときましたよ～」と職員の方から声がかかり助かったことも。自分達に何かあっても、助けてもらえる安心感があるといいます。

「姉小路」をつくる時、七野会と石黒さんは約束をしました。石黒さんは、法人の経営にかかわることに口を出さない。法人は、石黒さんたちの暮らしに口を出さない。今もそれを守って、小さなことは見て見ぬ振り、互いの立場を尊重しつつ住み合っています。

15年を振り返り、これでよかったと思う、と石黒さんたちは言います。もっと儲かる方法があっただろうと言う人も少なからずいたけれど、この土地を使って、みんなで知恵を集めて、発想を豊かにして、他にないものができたと思う、と。土地を持つものは、“負動産”を生み出さない、ということをもっと考えるべきではないか、と石黒さんは言います。

【川本真澄】

2　地域の中で住み合う安心と豊かさ
――「十四軒町の家」の事例

（1）西陣のまちなかに建つ２軒の家

千本丸太町の北西、西陣の西端にあたるところに「十四軒町（じゅうよんけんちょう）の家」の東館と西館が並んで建っています。周辺は、細い路地のような道に住宅やお寺が建ち並び、かつては西陣織に携わる職人さんの職住の家並みだったのを思わせる町内です。千本通から一歩西へ入っただけですが、見知らぬ人の往来はほぼ見あたらない、ここで暮らす顔見知りの人々の生活の場といったところです。

「東館」は、2005年建設の鉄骨造三階建てです。２・３階は、認知症高齢者の住まいであるグループホームで、それぞれ少人数ケアの９名１ユニット、あわせて定員が18名です。１階は、登録定員29名の小規模多機能ホームになっています。小規模多機能ホームとは、地域に根差し、高齢者が在宅で暮らし続けることを支える施設です。近隣に住む高齢者が登録し、その本人、家族の必要に応じて、通い、訪問、泊まり、相談のサービスを組み合わせて利用することができます。ある日の昼間はデイサービスで過ごし、ある日は自宅で訪問介護サービスを受け、家族

「東館」（2005年建設）
１階：小規模多機能ホーム　　２･３階：グループホーム

東館の隣に建つ「西館」（2009年建設）
1階：デイサービスセンター　2階：ケアプランセンター

不在など心配な夜はショートステイで施設に泊まる、といった利用ができ、いつでも在宅生活の相談ができます。地域全体が、自宅が、特養になったようなイメージで捉えるとわかりやすいかと思います。

「西館」は2009年建設の木造二階建てです。1階は定員15名の地域密着型デイサービスセンターで、近隣の高齢者が日中通って来られます。2階にあるケアプランセンターは、地域の高齢者の暮らしの身近な相談場所になっています。ケアプランセンターに隣接して地域にも開放される会議室があります。

この2軒の建物で地域で暮らす百数十人の高齢者の暮らしを支えています。

（2）高齢者介護について振り出しから考える

「十四軒町の家」を運営されている社会福祉法人健光園は、嵯峨や桃山をはじめ、市内各所で高齢者の住まいや複合福祉施設、児童福祉と高齢者福祉併設の施設など多くの施設を運営されています。

「十四軒町の家」の始まりは2003年、当時まだ例の少なかった、認知症高齢者のための住まいであるグループホームの建設計画が持ち上がりました。そして、この新しいプロジェクトがスタートするに当たって、建設委員会が立ち上げられました。高齢介護に関わるいくつかの立場の違う職員の方々が、ベテラン、若手入り混じってメンバーに加わり、議論を重ねました。

どんな建物を建てたいかという以前に、まず、どんな介護がしたいか、介護される側はどんな介護を望んでいるのか、といった議論から始まり、ここに多くの時間をかけたことを覚えています。初めの段階で根底となる本流をとことん話し合ってみんなの腑に落ちる、というプロセスを持つことの大切さを実感しました。

（3）「座」をテーマに据えて

「十四軒町の家」は、建物、運営の根底となるテーマを「座」とすることになりました。足腰が弱ったり痛かったりして立ち座りや移動がしづらい高齢者は、施設では車椅子や椅子に座っていることになりますが、これでは自ら動きたくてもなかなか自由に動けない、椅子座での高さが目線になるので、介護者は傍らに立って、立ち目線から見下ろして会話することが多くなる、ということが起こります。そのことに介護者が疑問を感じてきたこと、そのことを解決するためにどうすればいいのか、という議論がもとになりました。

その結果、思い切って床の仕上げに畳を使うことにしたのです。一般に、施設では、車椅子使用に耐える床の表面強度や掃除のしやすさのために長尺シートやフローリングを使っています。高齢者福祉施設の常識では、畳を使うことは大きな挑戦だったと思います。畳にすることで高齢者は、座卓に向かって座ることになり、移動したければ自由にいざって動くことができます。介護者は自然に傍らに座って同じ目線の高さで話すことになります。空間の中で流れる時間がゆったりとしたものに変わります。このような変化は、想定した通り実際に起こりました。

この「座」というテーマは、単に畳にする、ということではなく、高齢者が自分の意思で自分の力で自由に過ごすことをできる限り保証する、介護者は高齢者の目線に立って気持ちに寄り添って介護する、という健光園の介護を改めて確認し合い、言葉に置きなおし、設計に活かしたということだったと思います。

東館：小規模多機能ホーム静養室
自宅のすぐ近くにある、もうひとつの自宅のように過ごせる場所です。

東館：グループホーム共有の居間
プライベート空間である個人の居室からは、廊下や小間を介し、プライバシーを考慮した配置としています。

東館：グループホーム畳の個室
床が柔らかいので大事故に至らず、安心感があります。

個室とパブリック空間の境の建具は、居住者の気分によって閉じられたり開け放たれたり、少し開けられたりして、プライベートとパブリックのつり合いを保っています。

（4）テーマを設計に繋げる

このテーマがあったことで、建物の設計は大きく変わりました。高齢者福祉施設で畳の間を設計するという絞られたテーマがあることで、建物に求められていることは何か、常に答えを探しながら設計や打合せを進めることができたように思います。

「座」や「畳」という言葉はキーワードであって、そこから建物が果たす

西館：デイサービスセンター
道路に面した掃き出し窓は、外に向かって広く開放することができます。

西館：デイサービスセンター畳の間
東館のテーマ「座」は迷いなく受け継がれました。

西館：建物内のそこかしこから、馴染みのご神木が見えます。

西館：町家共通の見慣れた建具のデザインで、室名サインがなくとも浴室やトイレということがわかります。

役割をどうイメージしていくか、ということです。何よりも、何十年と生活してこられた高齢者が地域で暮らし続けるための家です。今までの暮らしの延長にいることを実感しながら、安心して穏やかに過ごしていける空間とはどんなものなのか…… それは、慣れ親しんだものごとが周りにあることであったり、地域住民としての営みの中にいることであったり、過ごし方に選択の自由が保障されていることであったり……。議論するなかで見えてきた、地域に開いたつくりになっていること、住み慣れた西陣の住まいに近いスケール・素材・デザインを取り入れること、プライベートからパブリックまで空間の段階がある中で高齢者が居たい場所を選んで過ごせること、といったことを前提に空間の作り方や繋がりを検討し相談していきました。

そして、4年をおいて西隣に建設された「十四軒町の家西館（デイサービスセンター）」も、この「座」のテーマを引き継ぎました。こちらは木造で建てることが可能だったので、木造の小屋組みを活かした二階建てです。敷地中央に大きなご神木の榎の木と小さな祠があり、近所の方々に大切に祀られていました。このご神木へいつでも近所の方々が立ち寄れるよう、残して活かす配置にして建てたため、地域の方々との日常的な接点が生まれました。建物内の各所から枝ぶりが見え、葉擦れの音が聞こえます。さらに、より地域へ開いたつくりにするために、デイサービスセンターを道路に面して配置し、外と段差なく出入りできるようにしています。引き込み式の掃出しサッシを開け放つと、前面の道と一体になったような空間になります。

「十四軒町の家」は健光園の介護へのこだわりが形になってできた建物です。職員の方が、「根底を知っているので建物を語ることができる」と言って、国内外から訪れる多くの見学者へ、建物のプランや形状について、京都という地域性や実際のここでの生活の様子を織り交ぜながら説得力のある説明をされるのを聞くと、この建物を作り、運営されていることを誇りに思っておられるのが伝わってきます。

（5）今、地域のなかで

“大切な人にこの場所を…”を合言葉に「十四軒町の家」は運営されています。利用されている高齢者は、慣れ親しんだ畳の空間で寛いで、それぞれに合った趣味や楽しみに沿った過ごし方をされています。年末のお餅つき、地蔵盆、防災教室、町内の集まり、コンサートなど「十四軒町の家」が開催場所になっている地域行事がいくつもあります。また、福祉避難所の指定を受けていて、災害時には高齢者、障がい者、乳幼児のいる家庭など支援の必要な方々の避難所として機能できる用意が整っています。この場所に「十四軒町の家」があることで、利用者だけでなく地域全体の高齢者とその家族、地域に住む人々の安心拠点の役割を果たしています。

地域との垣根のない関係を築いてきたことで、地域の方々から「（利用者の）○○さんがあそこにいてはったで」と教えてもらえたり、独居高齢者の支援を隣人から求められたり、お地蔵さんのお世話を任せてもらって生きがいになる利用者さんがいたり、学校帰りに覗く子たちがいたり、お風呂を借りに来る人がいたり……と、取り巻く人々は子どもから大人まで多勢です。日常的な支え合いが地域と「十四軒町の家」の間に育まれ、お互いがなくてはならない存在になっています。「十四軒町の家」で暮らす人、利用する人、支える人、さまざまな人がそれぞれの立場で気遣い合って助け合い、楽しみ合う、そんな豊かな暮らしが実現しています。

表の糸屋格子は取り外しができるようになっています。五山送り火の日などは格子を外して、ご近所さんと一緒に楽しい開放的な夏の夜です。

毎夏町内ごとに行われる地蔵盆の行事はデイサービスセンターの中で。お地蔵様をお祀りして近所の子ども達と一緒に囲みます。

【丹原あかね】

＊「十四軒町の家」は、「地域にねざす設計舎タップルート」が設計監理し、蔵田・丹原が担当しました。

3　障がいがある人が安心して暮らせるまちに
──グループホーム「まぁる」の事例

（1）安心して暮らせるまちはみんなの願い

2018年3月、京都市上京区西陣の住宅地に、障がいを持つ人たちが暮らす「グループホームまぁる」（以下「まぁる」）が竣工しました。安心して住み続けられるまちづくりはみんなの願い、障がいを持つ人やその親御さんたちにとってはなおさらです。「まぁる」誕生を実現したのは、そんな当たり前の願いを受け止める地域ぐるみの支えでした。

「まぁる」を運営するのは、設立から35年、京都上京区西陣地域に移ってから20年を迎える社会福祉法人京都ワークハウスです（以下「法人」）。法人は、いくつかの障害者就労支援事業所や、堀川商店街の「蒸しまん＆カフェまんまん堂」など、障がいを持つ人が働く場と、二つのグループホームを運営しています。

これら二つのグループホームの内の一つ、グループホーム「あっと」は、主に女性の仲間（京都ワークハウスで障がいを持つ彼・彼女たちは「仲間」と呼ばれているので、本稿でも以降「仲間」と呼ぶことにします。）が暮らしてきた

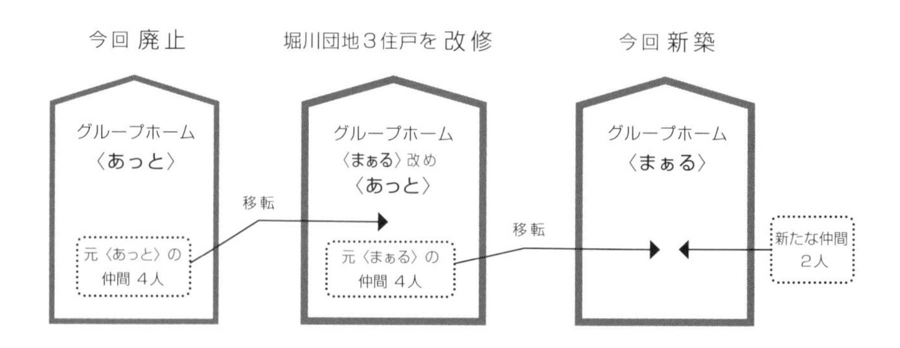

図1　今回事業の概念図

グループホームですが、これまで在来の木造賃貸住宅にほとんど手を加えずに利用されてきました。そして、もう一つのグループホーム「まぁる」は、京都府住宅供給公社の堀川出水団地の三つの住戸を数年前に改装したものです（これは次節で紹介されています）。

少しややこしいのですが、今回の計画は、この堀川団地内の「まぁる」の仲間たち（男性）が新しい「まぁる」に移転し、そのあとに「あっと」の仲間（女性）が移転してくるという計画です（図1参照）。

（2）「まぁる」建設のきっかけ——消防法の改正

今回の建設の直接のきっかけは、2015年の消防法改正です。

高齢者や障がいを持つ人が暮らす施設での火災事故をきっかけに、消防法や関係法令の厳格化はこれまで何度も行われてきました。特に、長崎での高齢者グループホーム火災で入所者5名が死亡した火災（2013年）をきっかけに、高齢者、障がい者のグループホームはその規模にかかわりなくスプリンクラーをはじめとする消防施設の設置が義務付けられ、経過措置期間は2018年3月までと定められました。

この法改正の結果、「あっと」はこの地域を管轄する上京消防署からたびたび改善指導を受けることになります。法人は当初、既存の戸建て住宅の改修ができないかを検討しました。しかし、消防設備の設置だけでも費用がかかってしまうこと、費用の掛かる割には仲間たちのプライバシーが十分守られていない現状の改善が困難なこと、大家さんの了承を得ることも難しいことなどが分かり、この時点で新しい場所への移転へと方針転換することになりました。2017年2月、経過措置期間が終了するまであと1年2カ月前の決断でした。

（3）プロジェクトチームの結成——設計者もチームの一員に

その決定を受け、法人の理事長をはじめ職員、家族会の皆さんからなるプロジェクトチームが結成され、グループホームとして利用可能な規模の戸建て住宅または既存マンションの改修の方向で物件探しを開始しました。この時点では、資金的な面で新たな土地への建設など夢のまた夢だったからです。

実は、この段階から私たち建築設計者もプロジェクトチームの一員となり、物件探しに協力することになりました。障がい者のグループホームには、消防法だけでなく建築基準法その他の関係法令が適用され、今回のように既存の建物を福祉施設に用途変更する場合は、よほど注意していないと購入あるいは賃貸契約を結んだ後でグループホームへの用途変更が難しいことが判明したり、思いのほか費用が掛かってしまうことになりかねません。

私たち建築設計者の役割は、次々に持ち込まれる物件情報一つ一つをグループホームとして適法かどうか、さらに居住環境として適切かどうか、改修の可能性も含め、迅速に判断することです。設計事務所への依頼は土地や建物が特定されてからが一般的ですが、今回のようなケースでは土地探しの段階から設計士に相談されることをおすすめします。

（4）地域にねざす不動産事業者さんの底力

こうして、プロジェクト会議にはいくつもの物件情報が寄せられましたが、グループホームに適した物件は簡単には見つかりません。理由の一つは、仲間たちや職員の方たちの安全や負担を少なくするために、彼らが働く場所である上京ワークハウス（ここには法人本部もある）に歩いて通うことができる立地が望ましく、その結果、新しいグループホームの場所は上京区または北区のごく限られた地域に限定されてしまうことです。

もう一つの理由は、消防法や建築基準法だけでなく、バリアフリー条例で定められている義務基準、例えば廊下は1.2m以上、出入り口幅80センチ、浴室は車いすでの回転可能などの条項が高いハードルになったことです。月一度のプロジェクト会議に集まっても事態は一向に進まないまま、時間だけが過ぎていきました。

そんな折り、それまでもいくつもの物件情報を寄せていただいていた地元の不動産事業者さん・丸永織物株式会社（以下「丸永さん」）から嬉しい情報がもたらされました。既存の物件ではないが、グループホームに適した土地が見つかったということです。法人として土地の購入は難しいだろう、それなら建物は不動産事業者さんが建設費を出し、土地・建物の定期借地・借家契約を結び、法人は借地借家料を払うというものです。しかも、建物の間取りや規模などはもちろん法人にお任せするという提案です。2017年6月のことでした。

限られた地域で、地縁を活かしながらお客の望む物件を掘り起こす、まさに地域にねざす丸永さんだからこその底力の発揮です。

すぐに、私たち設計者で設計案を作成し法人のプロジェクトチームで検討する、その計画をもとに建設費や賃料を不動産屋事業者さんがはじき出す、その結果をうけて法人として経営上の判断をする。建設事業の骨格が決まるまで、目まぐるしく濃密なひと月が過ぎて行きました。

2階平面図

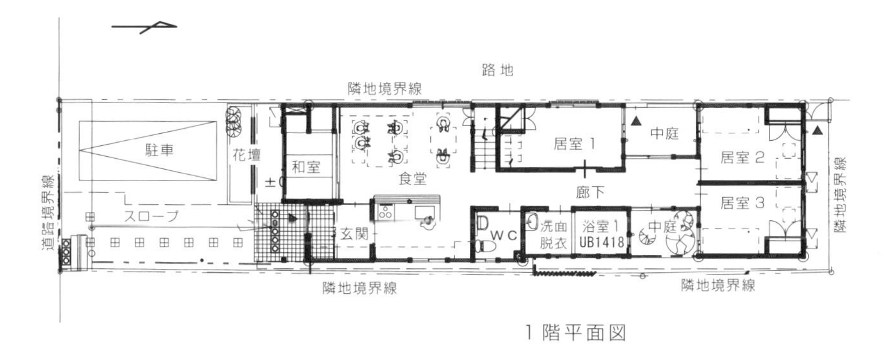

1階平面図

図2　計画平面図

（5）6人の仲間たちのグループホーム

プロジェクトチームの一員であった私たちは、建築主である丸永さんからの委託で設計・監理に携わることになりましたが、プランや仕様は法人と相談しながら、一方では丸永さんと日ごろからお付き合いのある工務店・株式会社エイトさんと値段の相談をしながら仕様を決めていきました。普段とは少し違う業務の取組み方に戸惑いもありましたが、8月の終わりには、何とか設計も終わり、確認申請をはじめ、諸官庁の手続きに入る段階になりました。図2は、こうして出来あがった計画平面図です。

6人の仲間たちとショートで宿泊する仲間1人、それに世話人さんが共同で暮らすグループホームです。間口が狭く、奥行きの深い京都特有の土地です。京町家の知恵を生かして、採光、通風そして緑を採り入れています。建物のボリュームや外観もできるだけ京の町家風としています。限られた予算の関係で、木をふんだんに使うことは難しかったのですが、床と、建具は何とか自然の材料を使っていただくよう提案しました。これまでも木を使った建物の良さを実感してこられた法人の方ならではの判断です。

（6）「もっと障がいを持つ人のことを知りたい」
——説明会での地域の人からの要望

着工に先立って、ご町内やご近所の皆さんへ建物や工事中のことを説明する設計・工事説明会が開催されました。この説明会は、中高層建築物を建設する場合のように法的に義務付けられているものではありませんが、法人としてこれから長くお付き合いいただく近隣の皆さんに、障がいを持つ人たちのことを少しでも知ってもらおうと開催されました。

テレビや新聞で、高齢者や障がい者施設、さらには保育園までが迷惑施設として建設を反対される報道を見聞きする昨今のこと、大いに緊張しながら説明会に臨んだ不動産事業者さん、京都ワークハウスの皆さん、そして残念ながら住民説明会といえばついつい針のムシロに座らされているような気持になってしまう私たち設計者や施工業者さんでしたが、地域の人たちからはそんな拒絶の言葉は一つも出てきませんでした。

それどころか、この説明会に参加された住民の方からは、「障がいを持つ人と接していると、最初はびっくりしたこともあるが、知的障がいを持つ人がどんな人なのかがわかっていけばどうもない。いっぺん地域で学習会開いたらええと思う」という、思いがけない積極的な意見が出されました。

もちろん京都ワークハウスさんは、この声に応え地域の皆さんを相手に勉強会を取り組まれました（図３参照）。私たちもこの勉強会に参加させていただきましたが、町内の方々をはじめ、40名近い参

ボリュームや外観は京の町家風に

仕事を終え、仲間との食事　くつろぎのひとときです。

加でした。仲間のご両親のお話、ビデオテープでの仲間自身の話も含め、障がいを持つ人を理解する良い機会になりました。

（7）地域に支えられて——京都ワークハウスの活動への理解と共感

このように、地域の支えでグループホーム「まぁる」は新たな一歩を踏み出しましたが、それを実現させた地域の力について考えてみました。

その一つは、伝統を守りながら新しいものや人を柔らかく受け止めることができる京都の風土です。ひと口に障がいといっても様々、まさに「個性的な」仲間たちです。その個性ゆえにはじめてお目にかかる街の人からは敬遠されることが多いようです。例えば、酒屋さんで、お店に並んだお酒の瓶の銘柄が横を向いていると、それをしっかり並べ替えないと気が済まないNさんの行動は、なかなか理

図３　地域の要望に応えて取り組まれた勉強会のチラシ

解しがたいのですが、その理由がわかれば「ああそうなんだ」と、酒店のご主人も日常のこととして見守っているそうです。西陣は、今も住まいと機業、それを支える小売店が混在する普通のまちです。そんな普通のまちだからこそ、障がいを持つ人の普通の暮らしを温かく見守ることができるのだと思います。

元聚楽小学校でのバザーの様子

二つめは、今回建築主となられた丸永さんが地域への貢献を大切にされてきた地元企業であり、地域の人々の信頼が厚かったことです。

そして三つめは、何といっても京都ワークハウスのスタッフのみなさんがこれまで地域のつながりを大事にされてきたことです。堀川商店街の「蒸しまん＆カフェまんまん堂」で働く仲間たちの姿、商店街や地域の活動に積極的に参加する仲間やスタッフの姿、年に一度の元聚楽（じゅらく）小学校でのバザーなど、京都ワークハウスとそこに通う仲間たちの姿が日常的に地域の中にあることが何よりの力です。

【吉田　剛】

4　団地に溶け込む高齢者・障がい者の居場所
――堀川団地の事例

（1）概要と経緯

「堀川団地」は、京都の碁盤の目のほぼ中央を南北に貫く堀川通に面した椹木町団地、下立売団地、出水団地第１棟、２棟、３棟、上長者町団地の計６棟からなる団地の総称です。一番初めに建てられた出水団地の竣工が1950年。構造は鉄筋コンクリート造のラーメン構造で、竣工当時にはまだ珍しかった都市ガスや水洗便所などが完備されていました。また、１階の堀川通沿いには店舗が設けられ、奥に住居を併設した全国初の下駄履き（店舗付き）住宅でもありました。２階と３階部分は団地により２ＤＫや３Ｋ、２Ｋタイプの住戸が連なります。

そんな堀川団地も、竣工から60年以上が経過し、老朽化が進んでいました。一時期は、将来の建替えを見込み空き住戸への入居者の補充が行われていなかったようですが、一方で、継続して今後の利用方法が検討されてきました。

2009～12年にわたりさまざまな議論が重ねられた結果、2012年に京都府住宅供給公社（以下「公社」）による「多世代・多様な共助で未来に紡ぐ京都堀川団地再生まちづくり」事業が着手され、2013年春に出水団地第１棟、第２

堀川団地の風景

棟改修に伴う協同事業者が募集されました。この事業は「アートと交流」をテーマに、①まちカフェ、②団地生活者支援、③子どもサポート、④職住の家といった四つのコミュニティ施設や居住スペースが公募対象となりました。その中で、②「団地生活支援」の協同事業者に名乗りを上げた社会福祉法人七野会と、④「職住の家」の協同事業者に名乗りを上げた社会福祉法人京都ワークハウスの２法人にお声かけいただき、設計監理を行うことになりました。

また、これら四つの事業は、2012年度高齢者・障がい者・子育て世帯居住安定化推進事業に選定されており、国庫補助として工事費の３分の２、または職住の家で上限900万円、団地生活支援施設で上限1800万円の補助金が分配される予定の事業でもありました。

（2）団地改修の概要

出水団地１棟、２棟の改修は、耐震改修とエレベーターの設置工事、既存サッシの取替え工事といったスケルトン改修工事を公社が行い、その後、協同事業者に引き渡され、インフィルの改修工事を行う手順となっていました。建物１階の堀川商店街を構成する店舗は通常営業を行うとともに、上階の住戸では従前からの居住者が生活を行う中での改修工事となるため、耐震改修は空き店舗や空き住戸部分を中心に行われる計画となっていました。

協同事業者を選定する段階では、すでに公社が発注した設計者による耐震改修計画やその他の計画が進められており、補強する耐力壁や開口を設けてよい位置が決められていたため、非常に大きなプランの制約がありました。これらの制約の中で、それぞれの施設の要望を最大限取り入れながら計画を進めました。

（3）デイサービスセンター・生活支援センターについて

団地生活者支援施設として、社会福祉法人七野会はデイサービスセンター及び生活支援センターの提案を行いました。

割り当てられた区画は、出水団地第２棟１階の元店舗付き住宅３区画（約180㎡）です。北区画の前面にはバス停があるため、バスの停車やバス待ちの人々と、デイサービスの送迎車との関係を考慮する必要がありました。そこで、出入り口はバス停からできるだけ離れた南区画に設けるとともに、管理や搬入、プライバシーの問題を考慮して事務室や相談室、厨房等を南区画内に設けました。

また、23人定員の要望があった食堂兼機能訓練室は、中央区画全体と北区画の堀川通側に計画しました。この食堂兼機能訓練室は、中央区画と北区角との間が耐力壁により分断されてしまうのですが、静養目的や少人数で落ち着きたい利用者のための静的な利用（北区画）と、歌や活動等を行う動的な利用（中央区画）と使い分けをしました。

また、デイサービスの休業日には食堂兼機能訓練室の一部を団地や近隣住民

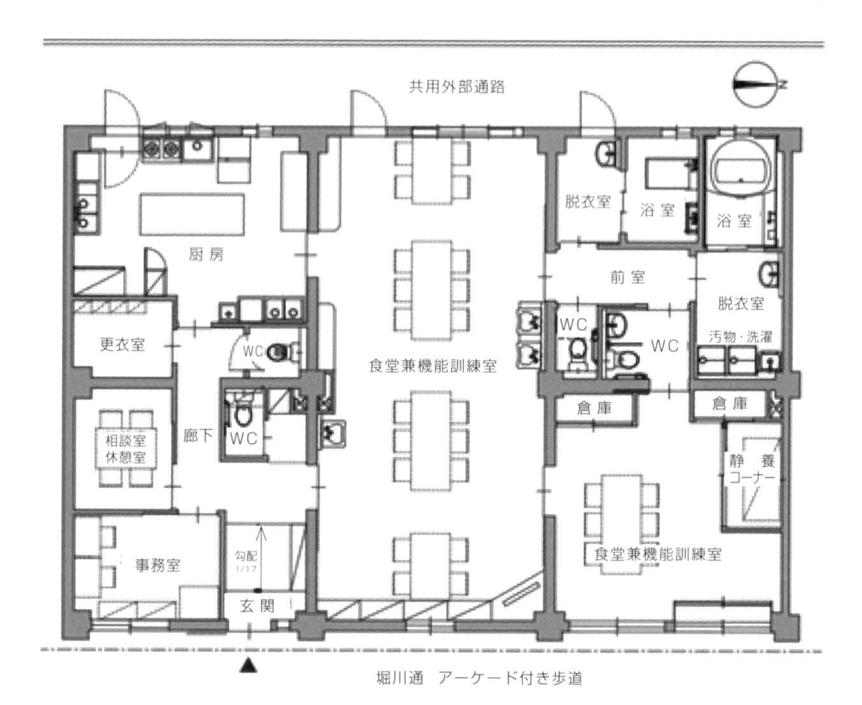

図１　デイサービスセンター・生活支援センターの平面図（筆者作成）

のコミュニティ施設として利用できるように、北区画の一部は掃出し窓として計画するとともに、堀川通に面して作品展示が行えるような工夫や外部に花壇やベンチなどを設ける工夫を施すことで地域に開かれ、商店街のにぎわい創出に寄与できる「まちの縁側」となるように計画しました。

水回りについては、排水経路の問題もあり公募の段階ではどの区画も元住宅部分（共用外部通路側の３グリッド）にしか設けられないことになっていましたが、施設の要望を考慮し再調査・検討を行ったところ既存の汚水縦管が南区画の元店舗部分にあることが分かり、一部のトイレを指定の範囲外に計画することが出来ました。このように水回りの他、耐力壁や開口位置についてもスケルトン工事の設計者と協議を重ねる中で、可能な範囲で調整を行いながら進めました。

しかしながら、堀川商店街に開かれた大きな開口は食堂兼機能訓練室の動的空間である中央区画に設けられず、静養空間となる北区画に設けざるを得ない等、最後まで折合いのつかなかった点もありました。竣工後の様子を見ていると、やはり静養する利用者に配慮してカーテンが閉じられていることが多いように感じます。スケルトンとインフィルが別れた工事ではありますが、改善できた点、できなかった点を考えると、一つの計画を進める上で、お互いの協力の重要性を改めて感じています。

堀川デイサービスセンターの様子

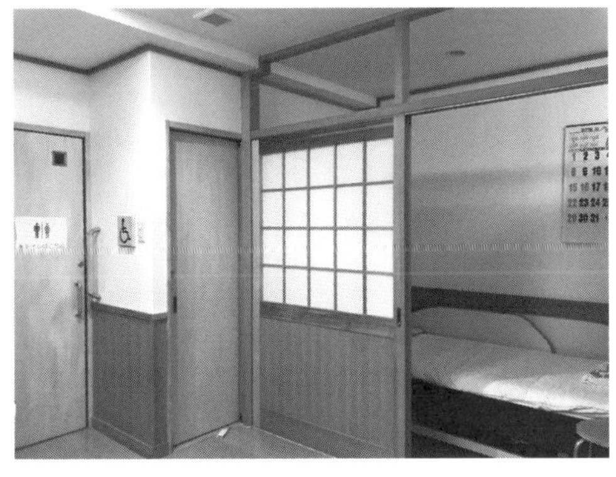

静養室の様子

（4）職住の家について

「職住の家」は、堀川団地で働く人々が近くに住めることを主目的にした居住スペースの公募でした。そこで、以前から出水団地第２棟でまんまん堂というカフェを経営されていた社会福祉法人京都ワークハウスが、まんまん堂の従業員や地域の障がい者が居住することができる障がい者グループホーム「まぁる」を提案しました。

割り当てられた区画は、出水団地第１棟３階の元住戸３区画（約100㎡）です。パブリック性の高い共用空間（居間）とプライバシーが求められる個室の関係を考慮し、入居者が集まりやすい中央区画に玄関や居間、世話人スペースを設け、北区画に個室３室（ショートステイ１室を含む）、南区画に個室２室と洗面脱衣室や浴室、トイレを設ける計画としました。また、職住の家は３階であり、排水に関しても区画内で処理する必要があったため、床は既存床スラブより200 mm上げた乾式二重床とし、床下で配管を行いました。乾式二重床としたことは電気配管や空調のドレン管、換気扇の配管にも有効に働き、耐力壁にスリーブを貫通させることなく配管を行うことにも繋がりました。一方、元々あった出入り口の200 mmの段差に加え、玄関と廊下部分でも200 mmの段差が生じる計画となりました。京都市のバリアフリー条例では段差を作らないことが前提となりますが、既存建築物の改修

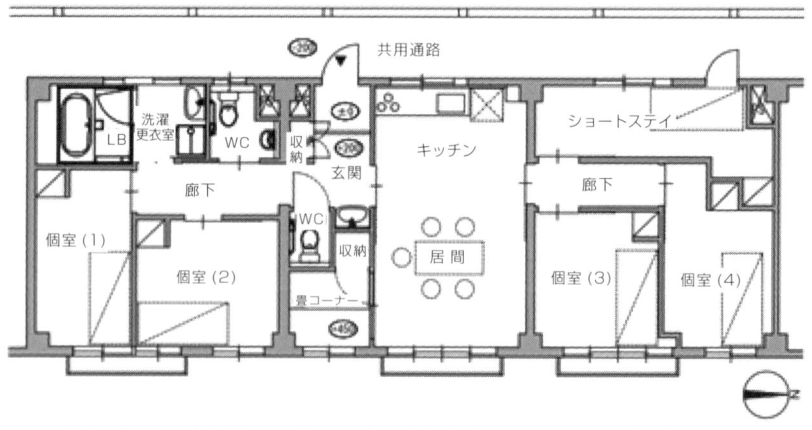

図2　「職住の家」（現在は「あっと」に名称変更）の平面図（筆者作成）

であること、また主な入居者は知的障がい者であり身体障がいを持っていない方たちが入居予定であることを理由に、職員の介助に加え、出入り口付近や段差部分に手すりを設ける等の対策を施すことにより許可されました。

全体に杉の床や建具を用いて木のぬくもりの感じられる空間としたことで、施設ではなく住まいの雰囲気を感じる空間になったと思います。

グループホーム「あっと」の食事風景

（5）工事監理でのできごと

工事は、公社担当者、スケルトン工事の設計監理者、スケルトン工事の施工業者（入札による落札者がＪＶであったため建築、電気、設備の３者）、協同事業者のインフィル工事を行う施工業者（各施設）とタップルートが調整を行いながら進めました。耐力壁に設けるスリーブ位置の調整や、団地全体の排水桝（ます）の整備と施設内の排水経路調整、既存サッシ改修工事など、スケルトン工事の段階からインフィル工事との調整を必要とする箇所が多々あり、スケルトン工事で定められた制約との兼ね合いが非常に難しかったです。

また、スケルトン工事に入る前に行われた既存建築物の躯体調査では、鉄筋が想定していたよりも格段に少ない量しか配筋されていないことが分かり、さらには建設当初の施工精度が低くじゃんか*が発生している箇所が多々発見されたため、耐震改修計画を再考しなければならない等の問題が生じました。１階デイサービスは当初、既存の鉄筋コンクリート造の壁に耐震補強を施す計画となっていましたが、この耐震改修計画の再考により、一度既存の壁を撤去した上で耐力壁を新設する計画に変更されました。

＊　「じゃんか」はコンクリート欠陥のひとつ。モルタルと粗骨材が分離して粗骨材（砂利や砂）だけが集まり、そこに空隙が生じて正しく硬化しなかったもの。

インフィル工事で最も苦労したことは、職住の家の各個室やデイサービスの食堂兼機能訓練室における施設設置基準に沿った必要面積の確保でした。計画当初から建築主の要望に応えるにはあまりゆとりがない計画となっていたのですが、スケルトンの引き渡し後に墨出しを行ったところ、X, Y方向の各壁が直行となっていない箇所が多々あり、面積の確保がさらに厳しい状況となっていました。ひとえに、既存建築物の施工精度が低かったことに起因しますが、断熱材やユニットバスなどの必要寸法を抑えた上で間仕切り壁の位置や収納の大きさの再検討を行い、なんとか必要寸法を確保することが出来ました。

（6）まとめ

今回の出水団地第１棟、第２棟改修工事の中では、団地生活支援、職住の家の取組みの他にも数多くの面白い取組みがなされました。

空き住宅の内、４室はＤＩＹ実験住宅と位置づけられ、公募により選定されたコラボレーターそれぞれが独自にＤＩＹを行った住戸に入居しています。まちカフェの一部には、堀川会議室が移転され、団地の居住者や地域の人が利用できるコミュニティ施設となっています。子育て世帯や高齢者世帯に合わせて改修された住戸もでき、デイサービスセンターでは堀川通沿いに花壇やベンチが設置され、堀川商店街を行き交う人々が腰休めをしながら会話をする風景を目にするようになりました。

現在（2018年７月）、出水団地第３棟の改修工事が完了し、上長者町団地が解体されました。残り２棟も解体と改修が予定されていますが、まちを一新するのではなく古い街並み（器）に新しい暮らしを積み重ねていくことで、深みのあるまちづくり、街並みづくりが行われることが期待されます。地域福祉の拠点を担う堀川団地の新たな展開が楽しみです。

【岡村七海】

●コラム

洛西福祉ネットワーク
――ニュータウン再生のまちづくり

1976年、京都市が事業主体となって開発された洛西(らくさい)ニュータウン(京都市西京区)では、当時、壮年層で入居した世代の退職に伴い、1995年6%だった高齢化率が、2005年16.5%、2015年37%と急激に高齢化が進んでいます。

また、市中心部と結ぶ地下鉄整備の見込みはなく、住宅、公共施設、道路、公園等の生活インフラの老朽化、4つあるサブセンター商業施設の衰退などによって、生活に様々な不便が生じています。

これらの課題に取り組むため、京都市は2006年に「洛西ニュータウンまちづくりビジョン」を策定しましたが、具体化は遅々として進みませんでした。

一方、ビジョン策定に関わった住民有志が、地域の課題を調査・研究し、解決方策を提示して実行することを目的に「洛西ニュータウン研究会」を2007年に立ち上げました。60回以上に及ぶ研究会では、当初「若い世代をどう呼び込むか」を検討していましたが、交通の利便性が良くないことから視点を変え、高齢化している現在の住民が住み続けられる環境=住みやすさの条件を整えていくことが、若い世代にもまちの魅力になるのではないか、それを早急に具体化する必要があるとの結論にいたり、2015年「NPO法人洛西福祉ネットワーク」(愛称「わくわくサロン」)を設立しました。

「わくわくサロン」昼食会

わくわくサロンの活動は、京都市住宅供給公社が管理する洛西竹の里会館を拠点に、①高齢者の居場所づくり、②買い物難民対策、③家事援助サービス、④困りごと相談、などです。

①は、平日昼間いつでも開いているカフェと様々なサークル・教室、②は、近郊農家の野菜販売から始まり、現在は京都生協が導入した移動販売車がニュータウン内を巡回しています。

③は、家事援助サービスに加え、2018年2月から介護予防・日常生活支援総合事業に対応した「京都市支え合い型ヘルプサービス」事業を開始しました。④は、地域包括支援センターと連携した「困りごと相談会」や「成年後見の相談」等を行っています。

また、ニュータウン内に増えている高齢者や子育てママの居場所の主催者や利用者が交流する「居場所カフェ交流会」による住民活動のネットワークづくり、秋の「竹の里わくわくマルシェ」などの住民交流の場づくりにも取り組んでいます。

洛西ニュータウンは、住宅に特化したベッドタウンのマイナス面が現実となっている典型ですが、行政も研究者も問題意識はあるものの、視点がズレていたり、積極的な姿勢や具体的な取組みに欠けています。しかし、そうした計画・事業の欠陥や責任を単に批判するのではなく、「いま目の前で困っている住民を手助けする」ことをベースに、住み続けられるまちにしていこうという取り組みは、「住民主体のまちづくり」のひとつのあり方ではないでしょうか。

【榎田基明】

「竹の里わくわくマルシェ」

第3章

地域の暮らしを支え合う仕組み

老いても人間の尊厳が失われず、人間としての生活を維持できる地域コミュニティを守り、育てていくことは人間誰しもの希望であると思います。その希望を実現していくには、社会のあり方が大きく影響しますが、同時に、地域それぞれの自然的、歴史的条件などとも関係した暮らしと住まい、まちの姿とが大きく影響するのは当然です。

ところが、その希望が、いわば足元の人びとのつながりが希薄になって高齢者の孤独感が募り、その希望が見失われかねない危機に直面するようになっている今、地域コミュニティを再び地域住民の手に取り戻す地道な活動が展開するようになってきました。

里山利用なども含めて地域のことを学び合い、集って語り合い、そして認知症などへの支援の輪をひろげる場づくり、空間づくり（小学校跡の建物、敷地利用などによる）を地域住民が主体となって進めています。同時に、こうした多様な交流や施設利用で促される人びとの迎え合いは地域住民の義務であり権利である、とも言えるのではないでしょうか。

1　みんなでゆっくり育てる 綾部市里山交流研修センター

はじめに

綾部(あやべ)市里山交流研修センターは、1999年に閉校した京都府綾部市の旧豊里西小学校の建物を利用した施設で、地域住民や都市部から人が気軽に訪れ、交流したり、森林や里山について学習・情報発信をしたりする拠点づくりとなっています。そして、そこで生まれたつながりが、定住促進による地域活性化や森林保全の担い手確保につながることを展望しています。運営は、ＮＰＯ法人「里山ねっと・あやべ」（以下「里山ねっと」）です。

私たちの事務所は、今回、綾部市里山交流研修センターのひとつの建物「森もりホール」の設計・監理にたずさわらせていただきました。

（1）「森もりホール」について

2014年8月、里山交流研修センターのホール（旧豊里西小学校の体育館）が、豪雨による裏山の土砂樹木崩落によって被災してしまい、解体を余儀なくされました。不幸中の幸い、里山交流研修センターは京都府の「森の京都」綾部市マスタープラン構想のなかに位置づけられ、旧ホールにかわる新しい建物の建設が浮上したのです。

私たちは、建設にさきだつワークショップに参加させていただき、そこで語られた新しい施設や敷地利用に関する意見を図面やスケッチにまとめるお手伝いをしてきました。

そもそも小学校は、地域のほんとうに多くの人が思い出をもつ空間でしょう（良いなつかしい思い出ばかりではないかもしれませんが）。私たちは、新しい建物を魅力的なものとすると同時にそれ以上に、新しい建物、もともと

「森もりホール」の外観

ある旧校舎棟、研修棟として少し前につくられた幸喜山荘の、三つの異なる建物を調和させて、里山に抱かれた学校の魅力ある原風景を引き継ぐ空間計画・設計をめざしました。

以下が、具体的なコンセプトです。

① 新しい建物は、土砂崩れ危険区域は避けたうえで、旧体育館と同じような配置としました。新しい建物、四角い鉄筋コンクリート校舎棟、とんがり屋根の幸喜山荘の三つの建物をパーゴラでつなぎ、中庭広場を囲む回廊のようにしつらえ、それぞれの建物の活動が軒下にはみだし、相互に見ることがで

「里山交流研修センター」の広場のイメージ

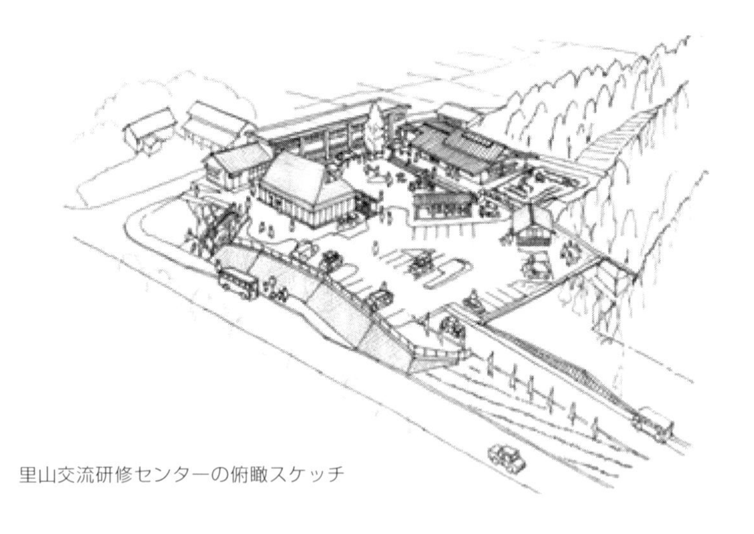

里山交流研修センターの俯瞰スケッチ

きるように考えました（残念ながら旧鉄筋コンクリート校舎棟は耐震補強が必要で、その前部分のパーゴラは実現していませんが）。新しい建物をステージ、中庭や幸喜山荘は観客席として、各種プレゼンや芝居を楽しめる配置計画です。

② 新しい建物は、できるだけボリュームを抑えたなだらかな屋根をもち、里山の山並みに調和させました。

③ 山裾にはクラインガルテン（畑）、それとつながるようにひろば脇にバーベキューサイトも備えました。収穫祭などの催しができたら素敵です。

④ 新しい建物は、大きな空間を必要とする文化的催し・体育活動等を受入れる多目的ホール（旧体育館の機能）とオープンカフェと図書コーナー、森の図書館（旧保健室にあった図書館的機能）、小規模な研修もできる小ホールをもっています。以上をオール丹州材で組み上げたおだやかかつダイナミックなトラス構造で実現しています。

⑤ 雨水タンクや薪ストーブなど、エコ技術も導入しています。

（2）地元の木にこだわった組み立て柱とキール梁

大ホールは中庭に向けて柱はできるだけ立てずに大きく開け放したい、深い軒下空間をつくり、中庭広場とつながった利用がしたい、というのが「里山ねっと」さんの大きな思いのひとつでした。しかも、それを大断面の集成材（小さな木材・板材を貼り合わせてつくった材料）によらず、地元丹州産の無垢材にこだわってつくるためには、構造設計がとても重要でした。

建て方中の工事現場（キール梁）

このような条件のもとで打合せを繰り返し、構造設計者が提案してくれたのは、15センチ角のヒノキ柱を4本抱き合わせた組み立て柱と、それをつなぐトラス状のキール梁（はり）による14 mスパンの門型構造でした。キールとは、船の船底を船首から船尾まで走る背骨のように全体を支える構造体を指すといわれています。そのキール梁の上弦材と下弦材に、急勾配の登り梁とそれをはさみつける緩勾配の登り梁をさしかけて、ホール空間をつくりました。大きな荷重を組み立て柱にかけることで、中庭側に立てる柱を少なくすることもできたのです。登り梁材は7 m強の長さの一般に流通する材ではなく、材の調達には大変なご苦労をおかけしましたが、組み上がった構造体は力強く美しいものでした。

（3）その後の里山交流研修センターの使われ方

2017年の早春に建物が完成し、砕石を敷き詰めた水はけの悪かった駐車場は青々とした芝生の中庭に生まれ変わりました。

里山交流研修センターは、リニューアル後、地域内外の方々から多くの問い合わせがあり、さまざまな利用がされているようです。大学や民間団体の研修、スポーツ合宿、音楽会や親子で楽しめる企画、古本市などなど。「里

いろいろな取組みに使われている「森もりホール」

ホールと中庭広場のつながり

緑陰の階段

小さなアースデイで賑わう中庭広場

山ねっと」のみなさんによるSNSやYouTubeなどを駆使した洒落た発信やアイディアの豊富さにはいつも驚かされます。

たまたま訪れたときにも、オープンカフェで地元のピアノ教室のみなさんが発表会準備のレッスンをしておられました。なんの用事がなくとも、ぶらりと立ち寄ることができる、このような地元の人にまず愛される建物であることもうれしいことだと感じました。

より多くの人に気軽に使ってもらえる里山交流研修センターとなり、その後もスタッフや住民・利用者・地元事業者の智恵やボランタリーな協力も合わせて、小さな改善を積み重ねていくことで、当初描いていた「みんなでゆっくり育てる里山交流研修センター」となっていくのではないかと思っています。

【小伊藤直哉】

2　広がる地域の「居場所づくり」と健康福祉のまちづくり

（1）本節の課題

本節では、地域の暮らしを支え合う仕組みとして、現在全国的に広がりをみせている「居場所づくり」について検討します。「居場所づくり」が普及している背景には、①地域社会の大きな変化、特にひとり暮らし高齢者の増大と孤立化への対応と、②介護保険制度の改定による「新しい総合支援事業」の展開（地域包括ケアシステムの構築）という制度的な対応の、二つの要因があります。

具体的には、筆者が居住する京都市上京区中立学区で取り組まれている「和い輪いカフェ」の事例を紹介し、「居場所づくり」の活動は、さまざまな孤立状態を克服する住民の主体的な健康福祉のまちづくりとなるのか、それとも「安上がりの医療・福祉」にとどまるのかの分かれ道にあることを指摘したいと考えます。

その上で、地域包括ケアシステムの構築の要である地域ケア会議を住民主体の「健康福祉のまちづくり」の原動力にできるかどうかがその決め手となることを述べたいと思います。

（2）ひとり暮らし高齢者の孤立について

中立学区は、住民の約7割がマンション・アパートに住むまち

中立学区は、京都御苑の西隣に位置する伝統と格式のあるまちですが、国勢調査の結果からまちの変化を三つ挙げます。第一に、人口・世帯とも漸増傾向にあること、第二に、高齢化率が25.5%とすでに超高齢社会になっていること、そして第三に、最も大きな特徴として、住民世帯の69.8%、約

表１　中立学区の住宅に住む一般世帯の住宅の建て方

（単位：世帯数、カッコ内は構成比％）

年度	総数	うち			指数（2005年＝100）			
		一戸建て	長屋建て	共同住宅	総数	一戸建て	長屋建て	共同住宅
2005年	1,771 （100.0）	629 （35.5）	94 （ 5.3）	1,043 （58.9）	100.0	100.0	100.0	100.0
2010年	1,886 （100.0）	601 （31.9）	68 （ 3.6）	1,217 （67.4）	106.5	95.5	72.3	116.7
2015年	2,090 （100.0）	597 （28.6）	30 （ 1.4）	1,459 （69.8）	118.0	94.5	31.9	139.9

＊国勢調査、「京都市の人口」（京都市情報化推進室情報統計課）より作成。

７割が共同住宅（マンション・アパート）に住むまちに大きく変化したということです。京都市は約５割、上京区は約６割がマンション居住なので、中立学区は特にその割合が高いといえます。そして2005年を100とすると、10年後の2015年で、139.9と約1.4倍に急増しています。反対に、長屋建て住宅に住む世帯が大きく減少し、10年間で31.9となっています（表１）。

「健康福祉と防災のまちづくりアンケート調査」の結果から

2017年３月に、中立学区で実施したアンケート調査の結果から、ひとり暮らし高齢者の孤立化が深刻な状況にあることがわかってきました。

表２　孤立化の状況（ひとり暮らし：年齢別）

（％）

項目	全体	ひとり暮らし世帯			
		小計	64歳以下	64〜74歳	75歳以上
一日中だれとも話をしないことがある	9.9	31.0	25.0	26.3	38.3
一日中どこにもでかけないことがある	23.9	34.3	18.2	39.5	42.6
孤立感やさびしさを感じることがある	9.6	22.2	18.2	10.5	32.3
何もやる気が起きないことがある	19.2	23.6	20.9	15.8	30.2

＊「健康福祉と防災のまちづくりアンケート調査」（2017年３月）の結果から。

「一日中だれとも話をしないことがある」は、全体で 9.9% と約 1 割でしたが、75 歳以上のひとり暮らし高齢者は 38.3% と約 4 倍に大きく増加しています。同様に、「一日中どこにもでかけないことがある」1.8 倍、「孤独感やさびしさを感じることがある」3.4 倍、「何もやる気が起きないことがある」1.6 倍となっており、ひとり暮らしで高齢になるほど孤立化が進んでいます（表2）。孤立化は閉じこもりにつながり、やがて孤立死にも至る深刻な問題です。ご近所の声かけや見守りの体制づくり、そして身近な居場所づくりがぜひ必要です。

(3)「和い輪いカフェ」の活動の現状と検討課題

「和い輪いカフェ」の活動

「和(わ)い輪(わ)いカフェ」は、中立住協（中立住民福祉協議会）が 2016 年 8 月にスタートさせた地域のコミュニティカフェです。主たる目的は、ひとり暮らし高齢者の孤立をなくすことで、地域社会の変化に対応したものとなっています。

「『和』: なごみのひと時を『輪』: 中立学区のネットワークで創出すること」をテーマに、毎回住協の各種団体が交代で担当し、開催日は基本的に第 1・第 3 土曜日の午前 9 時～ 12 時までで、月 2 回中立学区の自治会館（中立会館）で開催されています。誰でも参加でき、毎回 40 人程度ですが、2018 年新春の集いでは 80 人以上の参加がありました。利用料はコーヒー代 100 円が必要ですが、お菓子も付いて、なごやかな交流の場となっています。

「居場所づくり」の様々な形態と広がり

「居場所」づくりの対象は、ひとり暮らし高齢者に限ったものではありません。子ども食堂・レストラン、認知症や若年性認知症の方を対象にした「オレンジカフェ」、誰でも気軽に立ち寄れる「まちの縁側」など様々です。開催の主体も、個人、ボランティア組織、ＮＰＯ、そして住協と多様です。

こうした「居場所づくり」は、①「こころのやすらぎ」と「いきがいづく

「和い輪いカフェ」新春の集い（2018年1月6日）

り」、②「仲間」づくりと「地域の支え合い」づくり、③「安心」「安全な」地域、の三つの効果があるといわれています。

介護予防（健康すこやか学級事業）の取組み

上京区の住協を中心としたコミュニティカフェの開設年次をみると、比較的最近のことであり、市の「健康すこやか学級事業」として取り組まれているところが多いのです。この事業は介護予防の取組みであり、介護保険給付の補助を受けています。つまり、介護保険事業の改定に伴って普及が進んだということであり、このことは全国的な傾向でもあります。

介護予防を目的とした健康すこやか学級事業の本来の役割は、要支援1・2の要介護者を対象に短期間に集中的なリハビリを実施して虚弱状態を脱して健康な状態を取り戻し、自立支援に結びつけることです。

ＮＨＫＥテレの番組「"自立といわれても"」（2017年9月6日放送）では、そうした取組みの先進地のある桑名市の事例が紹介されていました。具体的には、「くらし生き生き教室」で短期間（最大6ヶ月）に要支援1・2の高齢者を対象に、それぞれの状態に合わせて集中的なリハビリを行い、介護保険の「卒業」をめざそうというもので、リハビリの専門職が一緒に散歩につきそったり、風呂場で転倒しないように生活課題に沿ったリハビリを行ったりしている姿は優れていると感じました。

ところが、問題点も指摘されました。第一に、「卒業」後の地域の受け皿が十分でなく、せっかくのリハビリの効果が無くなってしまうこと。第二に、受け皿として、地域の自主的なボランティア活動に負担がかかり、「認知症の取組みを毎回取り入れないと補助金を減額する」という行政の姿勢にとまどいや混乱が生じていること。そして第三に、最も大きな問題と感じたのは、介護保険の「卒業」に応じて補助金がでることになっており、解説者の服部万里子氏（一般社団法人日本ケアマネジメント学会副理事長）は「介護保険からの離脱」だけが目的となりはしないかと語り、神野直彦教授（日本社会事業大学）は「本末転倒」と厳しく批判していました。

こうした問題は、介護保険事業の優等生といわれている埼玉県和光市や大阪府大東市などの先進地域ほど表面化しており、全国に広がりつつあります。京都市では、介護保険の「卒業」はとりあえず後回しにして、仲間づくりを先行させているように思われますが、介護保険事業の一環である限り、近い将来こうした問題に向き合うことは避けられないと考えます。

（4）住民主体の「健康福祉のまちづくり」をめざして

進化する「地域包括ケアシステム」と地域共生社会の実現

地域包括ケアシステムは、「地域の実情に応じて、高齢者が、可能な限り、住み慣れた地域でその有する能力に応じ自立した日常生活を営むことができるよう、医療、介護、介護予防、住まい及び自立した日常生活の支援が包括的に確保される体制をいう。」（医療介護総合確保推進法第２条 2014年6月）と定義されています。この体制を日常生活圏域ごとに2025年を目標に構築していくことがめざされていますが、介護保険事業計画が策定される３年ごとにその内容が進化しています。

2017年の改定では、新たに「地域共生社会の実現」が理念として登場しました。その要点は、元気な高齢者が虚弱な高齢者を支援する体制づくりであり、「我がこと、丸ごと」の「総動員体制」といわれるものです。
　地域住民がつながりを強めて、地域課題に向き合うことは大切なことです。その点を強調した点は、現政権の新自由主義的自分ファーストの理念と真逆であり、評価したいと考えます。しかし同時に、「総動員体制」が、地域の取組みに参加しないのは「非国民」というような戦前の暗黒社会を想起させる「過剰同調や同質化の圧力、価値観の押し付け、支配と従属」（岡崎祐司「歪められる地域包括ケアシステム」『老後不安社会からの転換』大月書店、2017年所収、106ページ）となっては困ります。「みんな違ってみんないい」、「自立しつつ協働する」という「地域共生社会」の考え方こそ大事です。

「地域ケア会議」と健康福祉のまちづくり

　最後に注目したいのは「地域ケア会議」です。当初は、日常生活圏と市町村の二層の会議の構想でしたが、地域共生社会の構想の中で自助・互助の圏域においても「支え合いの会」のような組織づくりがもとめられています。筆者は「四層の地域ケア会議の構想」（表３）を提案していますが、地域ケア会議には、①個別のケースに応じた支援のあり方の検討と、②地域の健康福祉の課題を市町村に提起し、政策づくりにつなげていく、という二つの役割があります。
　地域ケア会議は、本来、関係する住民も参加して運営されるのが国の方針ですが、現状では、医療・介護専門職の連携の場にとどまっています。京都市においても、地域ケア会議への住民参加はこれからの課題であり、現状は年に数回程度地域包括支援センターの職員が民生委員や老人会の役員と打ち合わせをする程度にとどまっています。しかし他方で、京都市は小学校区の圏域の自治活動を大事にしてきた伝統があり、自治会・町内会を含めて住民参加の可能性を豊かにもっています。
　地域共生社会の実現に向けて、地域住民の多様な支援を工夫していきながら、行政や医療・介護の専門家との協力協働の関係づくりを進めていく必要があります。地域住民は、「暮らしの専門家」なのであり、まちづくりの主体に他なりません。そのめざす方向は、「住民の誰もが、健康で生きがいに

表３　四層の地域ケア会議の構想

区　域	数（全国）	中心となる団体等	主な役割
第四層 市町村／地域ケア推進会議	約 1,700	市町村・医師会・病院・福祉施設・社協・自治連合会・NPO 等	①市町村全体の地域包括ケアの推進と計画化 ②地域包括ケア推進のための保健・医療・福祉人材の養成 ③住民の学び合いの支援 ④情報の共有化 ⑤最困難ケースの検討会
第三層 中学校区	約 10,000 医療介護総合確保区域 ＝ 5,712	地域包括支援センター・診療所・介護事務所・社協、NPO 等	①地域包括ケアの基本区域 ②在宅医療・ケアのための多職種協働（顔の見える関係づくり） ③予防、認知症対策、サ高住等の住宅対策 ④専門職中心の困難ケースの検討会
第二層 小学校区	約 23,000	行政と住民の出会いの場、住民代表交流の場、地域包括支援センター、社協、その他の関係者	①地域包括支援センターサブ区域 ②自治会・町内会の経験交流の場 ③組織的な生活支援の仕組みづくりの検討 ④住民と専門職の協働によるケース検討会
第一層 自治会・町内会	約 300,000	地域住民 必要に応じて地域包括支援センターや社協が支援	①自助・互助（住民参加）の区域：集い合い、学び合い、支え合いの３つの合い推進 ②みまもり活動・生活支援 ③要援護台帳の作成と管理 ④住民主体のケース検討会

＊筆者作成。

あふれ、安心していつまでも暮らし続けることができる健康福祉のまちづくり」です。

「和い輪いカフェ」の取組みをはじめ、多様な居場所が仲間づくりや地域の支え合いに発展し、地域ケア会議を原動力とした住民主体のまちづくりに発展していくことが期待されていると考えます。

【美留町利朗】

3　地域のシンボルとしての小学校と地域活動
──京都の繁華街・立誠学区の取組み

（1）立誠学区、立誠小学校の成立ちと変遷

立誠（りっせい）学区は、北は三条通、南は四条通、東は鴨川、西は寺町通に囲まれた京都の代表的な繁華街にある学区でした*。立誠小学校は、1869（明治2）年に下京第六番組小学校として始まり、1877（明治10）年に立誠小学校に改称されています。1928（昭和3）年に土佐藩邸跡地であった現在の地に移転しています。京都市初の校地内プールを有するなど、先駆的な小学校だったようです（京都市教育委員会、『閉校記念誌　立誠　輝ける124年のあゆみ』平成9年3月）。

立誠学区は、先斗町（ぽんとちょう）、木屋町（きやまち）、河原町、新京極、寺町京極など、通りごとに性格が異なる繁華街を形成しています。立誠小学校は、1993年に京都市の小学校統廃合方針に基づき閉校され、124年の歴史に幕を閉じています。

小学校の立地は風俗営業の規制に大きく関係しますが、当時、廃校により規制が外れ、風俗営業が多数近隣に立地しました。その後は、風俗営業法の規制をかける意味からも元立誠小学校の校地は、集約された高倉小学校のテニス場として活用され、風俗営業法上の規制を回復しています。

元立誠小学校の活用は、長年、地域を中心として多様な議論が展開されてきましたが、2018年に一部の校舎と自治拠点機能を残しての宿泊施設を中心とする複合施設の整備事業が着手されています。

＊　京都市では古くから、小学校の通学圏が「学区」と呼ばれ、また自治連合会等を中心とした住民自治活動の基礎単位でもありました。小学校廃校等によって通学圏でなくなった学区は通称的に「元学区」と呼ばれたりしていますが、本稿では、立誠小学校のかつての通学圏の範囲およびその住民自治活動単位を「立誠学区」と表記します。

立誠小学校正面（「2007 年まなびや」）

（2）立誠小学校を舞台とした地域活動

立誠学区では、小学校を拠点として四季折々に地域活動が展開されています。桜のころは高瀬川桜まつり、夏の盛りには高瀬川夏まつり、秋には「まなびや」と称する大人の小学校ごっこ（多様な学習活動や文化事業等）や映画祭、冬には先斗町にて軒先いけばな展などが展開されています。桜まつりや夏まつりでは、模擬店などの行事とともに、高瀬川にて高瀬舟の運航が再現されています。「まなびや」では、芸術家団体による作品の提示、地域防災活動の学習会などが展開されています。毎週の多様な主体による高瀬川の清掃や、治安維持のための夜間パトロールなども行われています。また、桜の木の根元を守るためのつつじの植樹といった環境保全活動、七之舟入（しちのふないり）の再生やかつて舟入があった場所を示す石碑の設置、歴史的記述をした駒札（こまふだ）の設置など、歴史的資源の告知・形成活動なども展開されています。

これらの地域活動の特徴としては、地域の方のみを対象としたものではなく、河原町や木屋町などへの来街者に対し、積極的に参加していただく姿勢があることがあげられます。また、先斗町などを有する繁華街のまちとあって、活動に洒落っ気があり、艶っぽい感じがしています。

高瀬舟の運航再現（「高瀬川桜まつり」）

私の研究室の学生も「まなびや2007」で「大激論木屋町大改造」と称して木屋町地域の環境改善等の提案を発表し、それをネタとして地域の方たちに議論していただく機会を設けていただくなど、学生の演習・研究のフィールドとして積極的に参画させていただきました。

2009年には、「木屋町再生宣言」にも取り組みました。木屋町は、性風俗を含む多くの風俗営業が立地するエリアであり、また酒酔いに絡む暴力事件なども多く、治安の悪いイメージがありました。また、2009年当時は無料案内所が多く立地しており、"無料"を謳うことがいかがわしさを醸し出していました。立誠まちづくり委員会に関わる方たちに「まちづくり委員会として設定すべき木屋町の風俗に対する方針」についてアンケートを行い、性風俗を認めないなど一定の規制が必要であるといった回答が寄せられました。このアンケートに基づき、2009年に7項目からなる木屋町再生宣言がまとめられました。その項目の一つに「出会い喫茶、性風俗の無料案内所の取り締まりを警察に申し入れ、規制を強化する」という項目がありました。この木屋町再生宣言が、木屋町交番の開設セレモニーに参加していた市長などの目にとまり、このことが後に無料案内所をほぼ京都市全市的に規制する条例制定のきっかけになったのではないかと私は考えています。

この規制によって、確かに木屋町や全市的に無料案内所はなくなりましたが、その副作用として客引きが活発化しました。これを踏まえてさらに客引きを規制する条例が制定されましたが、効果が薄く、立誠学区では、客引きの活動を鎮めることを目的とした啓発のためのビラまき活動などが展開されています。

立誠学区は、普段、買い物や飲食に行く地域で、何げなく通っているかと思いますが、多様な地域活動の蓄積がある地域です。

（3）立誠学区の地域活動に関わる方たち

私は、立誠学区の地域活動に関わる方たちは大きく三つのグループに分かれると考えています。

一つ目のグループは、立誠小学校を卒業した、今も立誠学区にお住いの方たちです。この方たちは、居住歴も長く地域との関わりも非常に深く多様な地域活動を展開されています。多様な地域活動を創造し、継続されてこられた方たちですが、建物としての立誠小学校にも非常に強いこだわり・愛着を持っておられると感じています。地域の治安の維持や活性化などを目的に地域活動に取り組まれていると思いますが、立誠小学校を舞台に多様な活動を展開されることをとても重視しておられます。ご自身が生まれ育った地域の中心シンボルとしての小学校を存続させたいという気持ちが、多様な地域活動を展開する大きなモチベーションであると感じています。

二つ目のグループは、立誠小学校を卒業していないが、この元学区で長く商売を展開されてきた方たちです。地域の治安を維持し、防災活動を展開し、活性化するために積極的に地域に関わっておられます。

三つ目のグループは、芸術家や芸術家団体、あるいは大学といった外部の方たちです。芸術家の方たちは、その作品発表の場などとして立誠学区に積極的に関わっておられます。立誠学区のまちづくりあるいは立誠小学校の跡地活用においては、文化芸術による地域のまちづくりがメインのテーマになっています。この文化芸術活動がまちづくりを支える主要な動力となっています。また、立誠学区の地域の方たちは、このような外部の方たちの協力を得てその能力を地域活動につなぐことに非常に寛容であり積極的です。このような外部の方たちの力が、立誠学区における地域活動に大きな厚みを与えていると思います。

この第１グループと第３グループを中心として、立誠学区における文化芸術による地域のまちづくりが展開されてきました。2007年には、京都市主導による運営委員会が立ちあげられ、文化発信の地として活動が始められています。2010年からは地元主導による「立誠・文化のまち運営委員会」が立ちあげられ、2014年には「一般社団法人文まち」として活動が継続されています（立誠・文化のまち運営委員会ウェブサイト http://rissei.org/bunmachi/、2018年4月21日閲覧）。「文まち」によって、都心部の貴重な公共空間である立誠小学校を舞台に、日本映画原点の地・立誠として立誠シネマプロジェクト特設シアターでの映画上映など、多様な主体との協働による文化芸術活動が展開されています。

（4）立誠小学校の再整備と地域活動

立誠小学校をどのように保存し活用するかについては、長年議論が重ねられてきましたが、2016年に跡地活用の事業者選定プロポーザルが実施されました。プロポーザルでは、跡地を借地することにより「文化的拠点を柱に、にぎわいとコミュニティの再生」を目指した跡地活用が求められました。選定委員会により、ヒューリック株式会社の宿泊施設を核とした複合施設が選ばれました。

１階の施設配置は、地域を中心とした地域・文化ゾーンとして公共的な施設が配置されています。北東部には自治会活動スペースが確保され、消防分団詰所も配置されています。「立誠ガーデン」は、地域の大型イベントが継続可能なスペースとされ、地域の夏まつり等の実施やスポーツフェスタの開催などが想定されています。「立誠ホール」は、可動式の段床などによりフレキシブルな空間として計画されています。また、ソフト面では「文まち」をヒューリックがサポートすることにより文化事業の継続と発展の仕組みが組み入れられようとしています。

これらの施設配置により、これまで蓄積されてきた地域活動の継続のみな

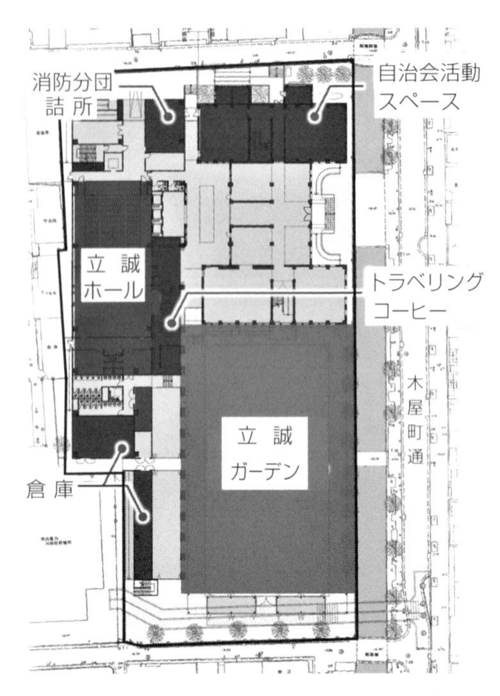

「元立誠小学校跡地活用プロポーザル」の１階配置
（ヒューリック株式会社『元立証小学校跡地活用に係る契約候補事業者選定プロポーザル』2017年4月21日）

らず、新たな文化拠点の形成が期待されます。

本稿の執筆時点では、複合施設整備の工事中で、仮設施設として地域のための会議室及び倉庫、公共駐輪場、立誠図書館などが設置されています。立誠図書館は、既存校舎にあった家具を活用しながら「京都歩きの本棚」「立誠小学校DNAの本棚」「食べる本棚」に分類される500冊の書籍が所蔵されており、徐々に増冊され2020年予定の本格開設ではテーマ・所蔵書籍も拡大される予定です。

（5）繁華街における地域活動拠点としての小学校の意味

立誠学区では、立誠小学校を拠点としてこれまで多彩な地域活動が展開されてきました。活発な地域活動は、治安や治安イメージが悪くなりがちな繁華街の秩序維持に多大に寄与し支えてきたと考えられます。さらにこれらの活動は、地域の方たちのみを対象とせず、広く来街者に開いた活動として展開されてきました。活動のモチベーションもコミュニティの活動にとどまらず、地域の京都市の文化を形成し発信しようとしてきたと考えられます。これらの活動を支えてきたスペースとして、また地域活動のシンボリックな精神的支柱として、立誠小学校は機能してきました。

京都市においては、小学校は地域活動の重要なスペースでありシンボルとして引き継がれてきています。また、コミュニティ活動にとどまらず、文化形成・発信の拠点としても重要な役割を果たしてきています。京都のまちづくりを語るうえで、小学校や学区の存在を無視できません。

立誠図書館

立誠小学校は、繁華街における地域活動や文化活動の拠点として大きな役割を果たしてきました。繁華街の治安維持などは直接的には警察や行政規制の力が大きいですが、それらを支え、また治安向上のための雰囲気醸成において地域活動の果たす役割は非常に重要であると考えます。立誠小学校のような繁華街に立地する公共用地は、本来、買い物客などの来街者や外国人を含む観光客などの災害時の１次避難所や情報提供拠点など、公益的機能を果たすことが期待されます。

このような公益的機能が十分といえるかどうか疑問を持ちますが、立誠小学校の跡地活用事業においては、多彩な地域活動を支えるスペースやソフトな事業が提案されています。これまで、地域コミュニティの活動拠点としての居場所にとどまらず、来街者や観光客にとっても居心地のよい市民文化を感じられる居場所として育ってきており、さらに継続され、より豊かな公共空間となるよう願っています。

【石原一彦】

●コラム

学校統廃合と跡地利用

「土のない学校」――私たちは、京都市内で初めて統廃合されて建てられた下京区の洛央（らくおう）小学校に、こんな名前を付けました。地元の人たちの依頼で統合校の計画案を調べてみると、無理やり統合した結果、敷地に余裕がなく、屋上の人工地盤にグランドがつくられていたのです。

計画は強引に進められ、新しい学校は1992年4月に開校しました。この統廃合は、歴史的都心部にある開智（かいち）、豊園（ほうえん）、有隣（ゆうりん）、修徳（しゅうとく）、格致（かくち）の五つの小学校を一つにするという乱暴な計画で、南北は四条通と五条通、東西は鴨川と堀川通に囲まれた広大な通学圏になってしまいました。

京都の学校の歴史は古く、1869（明治2）年につくられた65の番組（ばんぐみ）（現在の元学区）を基礎にした番組小学校に始まります。番組小学校には火の見櫓がつくられ、警察や保健の役割も担い、地域（学区）の行政組織的役割を果たしていました。また、それを維持する経費も住民が負担していたということです。番組小学校は、教育の場であるとともに、地域社会（コミュニティ）の拠点として機能していたわけです。

洛央小学校の開設以降、京都市内で続々と統廃合が進められます。統廃合の当初の理由は、小規模な学校では「児童相互の刺激や切磋琢磨が少ないため、児童をたくましく育てることがむずかしい」というものでした。教育委員会の小中一貫校を進める政策への変更が統廃合に拍車をかけます。その結果、約22年の間に51校が廃校になってしまいました。

同時に、廃校になった跡地をどう使うかが問題になります。当初は、「都心部における小学校跡地の活用についての基本方針」（1994年8月策定）によって、番組小学校の歴史を踏まえた福祉や子育て、保健医療、芸術などの地域の要望を反映した跡地活用が中心でした。

しかし、2011年に策定された「学校跡地活用の今後の進め方」という方針は、財政難を理由にして、学校跡地を民間に売り払う方向に大きく舵を切りました。これとほぼ同じ時期に、京都市は「京都市資産有効活用基本方針」をつくり、「資産」=「経営資源」という考え方を示しました。具体的には、
①資産の商品価値の向上
②市民・事業者による提案制度
を打ち出し、市民不在の跡地活用を進めることになります。

学校跡地は、行政が勝手に処分できる「経営資源」ではありません。番組小学校がつくられた歴史を振り返るまでもなく、地域社会の重要な資産であるということを今一度思い起こす必要があります。

自然災害が頻発するようになった現代、学校などの公共施設を大切に維持管理することの重要性をあらためて考えることが大事になってきていることも、忘れてはいけない視点だと思います。

【久永雅敏】

活用対象の学校跡地の一つ、上京区の元西陣小学校

●コラム

新たな住まいの選択肢「京都ソリデール」

ひとつ屋根の下で玄関や台所などを共有する“間借り”“下宿”といった住まい方が、学生の標準的な住まいだったことがありました。そして賄い付きも多かったと聞きます。しかし現在、学生の住まいといえばワンルームマンションが9割以上といいますから、学生が住まいを探すといえばワンルームマンションしか選択肢が“ない”といっても大袈裟な言い方ではありません。

そんな中、2016年、京都府で次世代下宿「京都ソリデール」（ソリデール＝フランス語で「連帯」の意）事業が始まりました。学生の家賃負担を軽くすることと卒業後も京都に定着することを狙った“異世代間のホームシェア”です。

京都ソリデールは、2003年にフランスを襲った猛暑によって、一人暮らしの高齢者が熱中症などで亡くなったことをきっかけに生まれた非営利団体「パリソリデール（Le Pari Solidaire）」が命名の元になっています。

異世代ホームシェア自体は、高齢者の孤独化と学生の住宅難を同時に解消することを目的とした社会事業として、スペインで1995年からすでに取り組まれていたものです。スペインでは基本的に家賃が無料で光熱費のみを支払う、契約ではなく同意なのだそうです。フランスでは「無料住居」「経済的住居」「連帯住居」という三段階の契約方法があり、高齢者の健康状態や一緒に過ごす時間によって家賃が変化し、国内では東京のＮＰＯ、福井の大学で先行事例があります。

私は「京都高齢者生活協同組合くらしコープ（略称：くらしコープ）」の組合員でもあることから、家族が減った住まいでいろいろな不安を抱えて暮らしている高齢者からみても、魅力ある取組みではないかと考え、

「くらしコープ」が受託してはどうかと提案しました。

京都では、１年目にくらしコープを含めて４事業者、２年目にはもう１事業者を加えて５事業者が受託しています。くらしコープでは「共住プロジェクト」という事業名で取り組み、１年目に４組、２年目に１組のマッチングを成立させることができました。

くらしコープが生協法人であることから、互助組織の観点で高齢者・学生ともに組合員であることを要件としてきました。高齢者が学生の食事などの面倒を見るとか、学生が高齢者の見守りをするとか、そういった条件は今のところ加えていません。そうした「重荷」よりも、祖父母と孫のような「距離感」が取れれば、おのずと長続きするように思います。

まずは、高齢者と学生がお茶でもしながら気軽に顔合わせができる「共住カフェ」を開き、気が合えば「お試し同居」で実際に体験してみる、そんな工夫もだんだんと学んできました。

実際に同居している高齢者や学生に聞くと、「万人に合う住まい方ではないが、楽しめる人には非常に楽しい住まい方」と口を揃えます。ワンルームが快適な人がいることと同様に、他人と暮らすことが楽しい、しかも年齢差もまた楽し、そんな選択肢の一つを示せているのではないかと感じています。

【桜井郁子】

高齢者と学生がテーブルを囲んでおしゃべりする「共住カフェ」

第4章

医療・介護・福祉・住まいの垣根を越えて

個々人の医療・介護の緊急度が高まる現代社会の中で、高齢者や障がいを持つ方々の日常の暮らしを支える住まいへの要求に応える社会の仕組みの確立が重要であることは、論をまたない必須の課題です。

実際に、医療・介護サービスの支援を行う公益法人などの組織と地域コミュニティとの関係を築く実践、具体的な事業が、高齢者等に生きがいと希望をもたらしています。法人等によって提供される共同住宅とそれと一体となった地域にも開放される集まり空間などはそのような取組みの典型です。

一方では、高齢者・障がい者がさらにいま住んでいる住まいに住み続けられるようにする住環境改善の対策が求められています。業務の中心は住宅の改修となりますが、個別的状況にある住み手に求められる改修を実現するためには、建築分野を超えた多分野の専門家たちとのコラボレーションが不可欠であるとともに、支援制度のさらなる充実が急務であると指摘できるでしょう。

1　医療・介護・福祉・住まいの垣根を越えて地域に開かれたサービス付き高齢者向け住宅――「咲あん上京」の事例

(1) 上京のまちなかで

「咲あん上京」は、地域に根ざす医療、介護を理念に活動を続けてきた公益法人京都保健会が初めて取り組んだ「住まいづくり」です。2011年にスタートしたサービス付き高齢者向け住宅制度を利用しています。

上京区の西陣と呼ばれるエリアの一角にあり、北に釘抜地蔵が隣接しています。前面道路の千本通は今も地元の人々の、とりわけ高齢者の暮らしを支える商店街として息づいています。この敷地には長年地域に親しまれてきた同法人の上京病院が建っていましたが、上京診療所として移転、閉院し空き地になっていました。地域医療の現場から、一人暮らしの不安も含めて住まいに不都合を抱える人がたくさんいるという認識が高まり、住まいづくりへの取組みが始められました。

(2) 地域の暮らしを読み解きながら

この計画を進めるにあたっては「上京住まいづくり委員会」というプロジェクトチームが作られました。法人の運営事務、医師、看護師、ヘルパー、患者や地域の居住者からなる「上京健康友の会」

「咲あん上京」外観

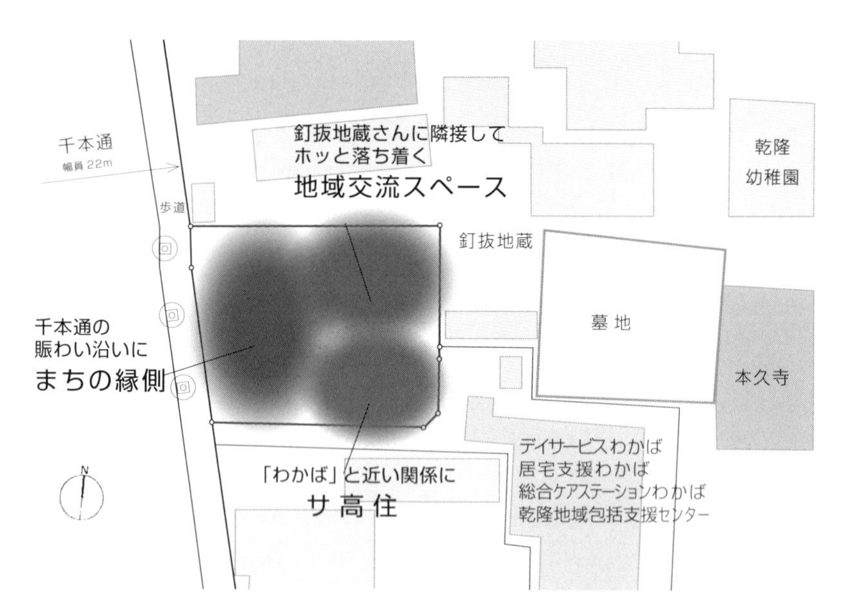

「咲あん上京」のゾーニング

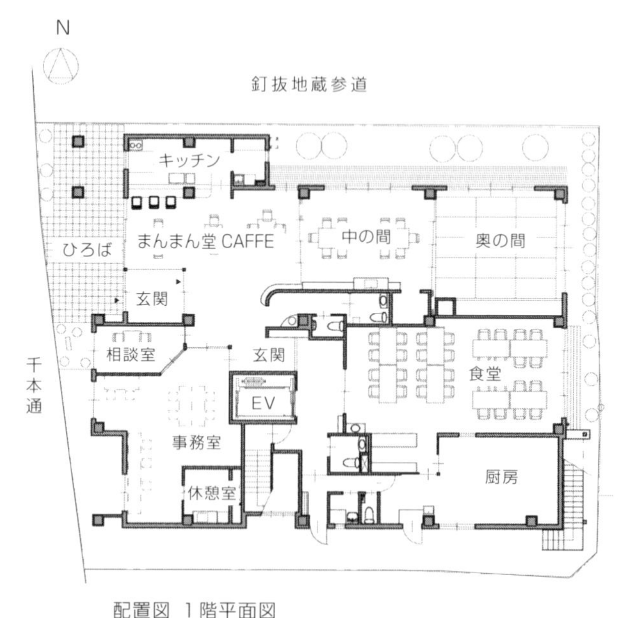

配置図 1階平面図

のメンバーなどが参加し、医療、介護と連携した良質な住まいづくり、地域の暮らしを安心で豊かなものにする拠点づくりをコンセプトに私たち設計者チームも含めて専門分野の垣根を超えた意見交換が積み重ねられました。そして、多くの類似施設の見学や学習会、計画案のワークショップなどを経て計画を具体化していきました。

千本通の歩道にふくらみをもたせる小さな軒下ひろばとカフェが「まちの縁側」空間、その奥に連続して「地域交流スペース」、玄関脇の事務室は、「地域包括支援センター」の機能も兼ね備えて、いつでも誰でも相談に訪れることができます。そして「サービス付き高齢者向け住宅」(以下「サ高住」) 40戸の居住階が2階から5階まで配置されました。6階は眺望がよく、送り火も見える共用の屋上です。

(3)「サ高住」の風景

各階に10戸前後の住戸と共用の居間、浴室があります。

住戸の間取りについては、ヘルパーさんから上京区のお年寄りの住まい事情を体験談や写真で紹介してもらい、馴染みの空間について話し合い、狭いながらも優先すべき機能を考えました。ちゃんと調理できる台所、部屋で洗濯ができること、畳スペース、いざという時に広く開くトイレの戸などに反映された。また、共用の居間を一番居心地がよく眺めのいいところに配置しました。自分の部屋だけに閉じこもらず、ゆったりとした椅子に座っておしゃべりしたり、お茶を飲んだりして共に暮らす楽しさを感じて欲しいとの思いからです。各階によって使われ方は様々ですが、マージャン台が置かれていたり、共同購入の場所になっていたり、来客の時の談話室になったりしています。1階に専用の食堂を設け、フル装備の厨房で食材にこだわった手作りの食事が提供されています。

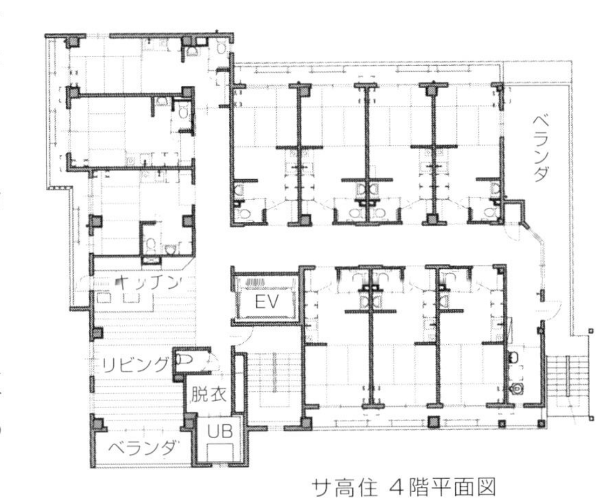

サ高住 4階平面図

居住者の半数は上京区在住の人たちで、地元の

馴染みの家具が置かれた住まい方は人それぞれに

小学校の話題などですぐ打ち解けあえるといいます。要介護1、2の方が約半数を占め、完全自立から要介護5まで、身体に障がいを持つ方や重度の認知症の方も暮らします。Aさんは、ここに住みながら有償ボランティアとして働いています。子どもたちの反対を尻目に身辺をバッサリ断捨離して入居し、掃除や食事の世話などをこなして、職員スタッフと居住者の真ん中にいて世話人のような役割を果たしています。

(4) 千本通のまちの縁側「まんまん堂 cafe 咲あん」

通りに面したカフェ「まんまん堂 cafe 咲あん」の運営は、知的障がいを持つ人々の暮らしをサポートする社会福祉法人・京都ワークハウスが担っています。名物の豚まんやソフトクリームが人気で、千本通から中の様子が伺えて、車椅子でも手押車でもゆったり入れることもあり、常連さんも増えてきました。いつの間にか、ひろばにも椅子とテーブルが置かれています。上階の居住者の中にも、コーヒーの回数券を買って利用している常連さんがいます。玄関脇にあることで、「サ高住」の住人も職員もカフェの

外と中をつなぐ縁側のようなカフェ

お客さんもカフェのスタッフも次第に顔見知りになり、「こんにちは」「行ってらっしゃい」「お帰り」の挨拶が自然に交わされています。ここでは、少しゆっくりと時間が流れているような気がします。

（5）地域交流スペースの持つ可能性

「cafe 咲あん」につながって、中の間・奥の間があります。真ん中の部屋は板の間で、奥の部屋は15帖の畳の間になっています。北の庭や塀を介して隣接する釘抜地蔵の境内の気配を感じることができます。

中の間、奥の間は、天井いっぱいまでの大きな引き込み戸で仕切られ、つないだり閉じたりできます。

中の間とカフェ空間を使って、毎日、朝の健康体操が行われ、地域の方々や上の階に住む居住者が集まってきます。

奥の間は、赤ちゃん体操やヨガに使われたり、カフェと中の間を使って月に二度「cafe 咲あん」とのコラボによる「認知症カフェ」も開かれています。全部開け放って大きなイベントをしたり、仕切って小さな会合をしたり、あまり細かい決まりごとを作らずにおおらかに使われています。

玄関ホールの掲示板には、催し物の案内や情報が満載です。中の間にしつらえた棚には、いつの間にかいろんな本が持ち込まれ、誰でも勝手に借りられます。

週に３日、「cafe 咲あん」のボランティアスタッフをしているＹさんは、元保育士さんで、地域の子育て応援をしたいという思いから、読み聞かせや絵本の朗読などの企画をしています。ここに働く人、住む人、地域

認知症カフェの風景

軒下に畳を敷いて行われた地蔵盆

の人の思いを通わせ合って取り組めば、もっといろんなことができそうな気がすると言います。

開設して1年目の夏から、表通りに面した「ひろば」とカフェをつないで、地蔵盆が行われました。これも計画の過程で、そんな風に使われたらいいなと語られていたことで、早速町内から話をいただき実現しました。地域の子どもの数はめっきり減っていますが、軒下の飾りルーバーにたくさんの提灯が吊るされて、お年寄りで賑わいました。

京都に暮らす人は、自分の行政区を出たがらない人が多いといいます。自分の住む地域への愛着が強いことの表れです。各町内で行われる地蔵盆は、子どもが減ってもそれぞれのやり方で連綿と受け継がれています。小学校の統廃合が進んでも、元学区を単位とした自治が生きています。

「咲あん上京」は、そこに立脚し、一人一人の地域の暮らしに向き合い、すべての人を包容する視点を大切にしているように見えます。

毎晩のように事務室にやってくる老人がいます。「部屋は空いていますか。」と尋ね、「今はいっぱいです。」と返事を聞いた後、少し身の上話をして帰っていきます。明かりの灯る咲あんが心のよりどころになっているのです。窓口に出た職員は、いつでも何度でもきちんとその人の話を聞きます。その人もやがて朝の体操に参加したり、カフェでお茶を飲んだりして顔見知りが増えて、少し不安が和らぐ日が来るのではないかと思います。

【川本真澄】

2　高齢者・障がい者のための「住環境改善」の取組み

近年、高齢化社会の到来を背景に、障がい者や身体の不自由なお年寄りのための「住環境改善」が全国各地で取り組まれるようになりました。その中で、建築家・技術者が大きな役割を果たしています。しかし、この「住環境改善」にかかわる建築家・技術者はほんの一部にすぎず、ほとんどは中小の設計事務所の建築家・技術者や工務店の技術者です。

ここでは、地域に根差し生活者の立場に立って京都の障がい者やお年寄りの「住環境改善」にかかわっている建築家・技術者の取組みを紹介します。

(1)「住環境改善ネットワーク」の成り立ち

京都において、障がい者や身体の不自由なお年寄りの在宅での自立を支援し、介護しておられる家族の介護負担を軽減するための住環境改善の社会システムができたのは1991年10月、京都市からの受託事業として「京都市身体障害者団体連合会（略称「市身連」)」が相談事業を開始しました。この「市身連」の住環境改善の相談事業は、福祉・保健・医療・建築（設計・施工）そして介護機器の専門家100名余の相談員が年平均150件余の相談に応じています。

相談件数の増大の背景

わが国の高齢化が著しいことは周知の事実ですが、京都市の場合、下京区・東山区・中京区・上京区では高齢者比率が全国の高齢化率27.3%（2017年9月15日敬老の日）を超えています。その他の区についても超えるのは時間の問題といえます。高齢化とともに、身体が不自由になるお年寄りは多く、住み慣れた「住まい」を改善して何とか暮らし続けたいというニーズの増大があります。一方、特別養護老人ホーム等の施設に入所したくても平均待機期間が２年以上という厳しい現状があり、住まいを改善してその間を凌ぐケースも増えてきています。

日本の木造家屋は段差が多く、かつ狭い、特に京都は戦災を被っていないので古い木造家屋（二階建て町屋）が他都市と比べてもたくさん残っています。それらの多くは、身体の不自由な人にとって、例えば使用しづらい和式トイレや、バスタブの高いしかも小さい浴室などバリアの多い家屋です。最近では、障がいを持った人でも普通の市民として社会活動ができるのは当たり前という権利意識「ノーマライゼーション」が、徐々に市民に定着してきています。

住環境改善は「本人と家族の生活支援」

京都の「市身連」の住環境改善の取組みの特徴は、一つは、全国に先駆け、福祉・保健・医療・建築（設計・施工）及び介護機器の専門家の連携によって、相談から改善実施まで本人や家族の要望や意見を尊重し、それぞれの分野の職能、専門性を生かし、チームを組み対応するシステムがつくられたことです。

これは、障がい者やお年寄りの症状、ADL（生活動作能力）の度合い、および介護者の介護能力を考慮して、本人のバリアフリーのための改善案にとどまらず、住まい方の工夫や防災上の留意点、また、費用面で制度利用の検討等、あらゆる解決策をチームで検討し提案するシステムです。

高齢者の場合、日に日に症状やADLが変化するケースも多く、改善実施したものが状況の変化に対応できず、再度の改善が必要になることも多々あります。改善実施後しばらく生活してみて「生活の質」（QOL）の向上効果の評価を行うフォローアップを位置付けていることも、このネットワーク・システムの一つの特徴と言えます。

これらは、「本人と家族の生活支援」が基本的な考え方となっています。この考え方が多分野の専門家による連携を可能にしていると言ってもよいでしょう。なお、重要な点は、多分野の専門家の連携において、「官」に働く福祉事務所のケースワーカーや保健行政に関わる保健師と、「民」で働く医

図1　住環境改善のフローチャート（筆者作成）

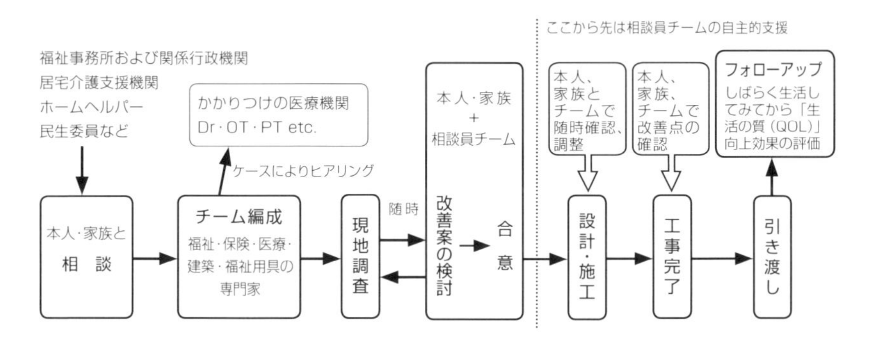

療機関のOT（作業療法士）、PT（理学療法士）や建築設計事務所の建築家・技術者や工務店の技術者、および介護機器販売会社に勤務する介護機器選定員といった、「官」「民」で働く専門家が対等平等で共同の取組みとなっていることです。

活動の柱は実践と研究

「市身連」においては、相談員が自主的に相談員会議を設置し、日常的には運営委員会が活動の舵取りを行います。主には、①相談者からの苦情やクレームの対応、②多分野の専門家の連携におけるトラブルの対応、③相談員の意識向上、技術向上のための事例検討や講演学習会の開催、④相談事業をすすめる上での問題点や課題の研究等に取り組んでいます。すなわち、「実践」と「研究」の両輪を軸にして運営されています。

（2）ネットワークの中の建築家、技術者の役割

福祉・保健・医療・建築・介護機器等の専門家の連携におけるそれぞれの役割は、決して画一的ではありませんが、一般的には次のように整理することができます。

①「福祉」――福祉事務所のケースワーカーやホームヘルプ・コーディネー

ター・ヘルパー・特養の生活相談員（ソーシャルワーカー）

本人、家族の生活全般を把握できるポジションにあり、在宅ケアのメニューを提案し、その中での住環境改善の位置付けを明らかにすることができます。福祉事務所のケースワーカーは改善案に基づき制度利用の検討を担います。

②「保健」——保健行政に関わる保健師

本人の健康状況、ADLの度合いを熟知し、その上で改善案作成に参加します。特に、福祉事務所のケースワーカーやヘルパーとの調整も担います。

③「医療」——医療機関のOT、PT等

OT、PTは、本人の身体的機能のチェックとADLの度合いを中心に改善案の検討に参加し、手摺りの位置や介護機器のシミュレーション等を担当します。看護師は、将来の症状やADLを予測し改善案作りに参加します。

④「建築・設計」——設計事務所の建築家・技術者

改善案が技術的に可能か検討するのはもとより、家屋全般を見渡し、住まい方の工夫や防災上の留意点等「暮らし」全般を視野に入れて改善案を検討します。また、相談者に依頼された実施者（施工者）の改善案を審査します。

⑤「建築・施工」—— 工務店の技術者や大工職等

改善案の技術的検討や費用面の検討を設計分野の専門家と相談し検討・審査します。

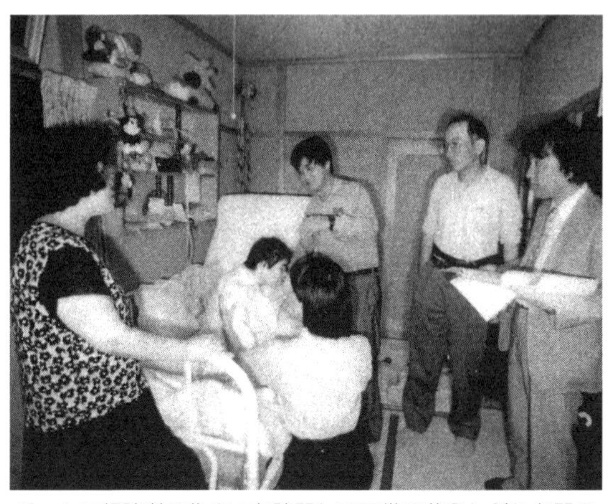

チームで相談者の住まいを訪問して日常の暮らしぶりを聞きながら改善案を作ります。

⑥「介護機器」——介護機器の販売会社の介護機器選定員

改善案作成に当たって、介護機器や介護用品の利用が可能か、また、本人にあった介護機器、用品の選定や創作・工夫の検討を担います。

以上が、それぞれの分野の専門家の役割ですが、各分野のテリトリー（領域）に枠をはめるのではなく、常に「自らも生活者」としての視点を持ち、あらゆる観点から意見やアイデアを出し合うことで、より本人や家族のニーズに応えることが可能となります。

では、建築分野の設計の建築家・技術者の連携における役割について詳しく述べてみましょう。建築家・技術者が住環境改善において担うべき役割は次の２点が重要です。

①「暮らし」全般を観ること

例えば、改善案を検討する中で、家具の配置を整理したり、変更することにより解決することもあります。すなわち、住まい方の工夫を提案することができます。また、他の分野の専門家では気付かない防災上の配慮やアメニティーの配慮等、日常、「住まい」の設計の延長で本人や家族の「暮らし」全般を観て改善案を考えるには、設計者が最適のポジションにいます。

②改善案づくりのコーディネーター

建築の創作活動をする際、建築家・技術者に要求されるのは、さまざまなニーズの実現、問題点の解決のための系統的な思考、専門家集団の知恵を集約しコーディネートする能力です。まさに、住環境改善のための多分野の専門家との連携における取組みは、それを凝縮したものです。すなわち、連携における改善案づくりのコーディネーターとしての能力を持っているのは設計者であると言えます。図面等のプレゼンテーションを作成するに当たり、この能力が最も求められるからです。

その他の技術的検討や工夫、材料の選定、費用検討等々は施工分野の技術者との協力で果たすことができます。なお、住環境改善から実施、フォローアップまでのコーディネーターは設計者が適任ですが、連携に習熟した他分野の専門家も本人や家族の立場に立って、テリトリーにこだわらず、「暮らし」全般を観て、他分野の専門知識も貪欲に学び、他分野の専門家の意見を謙虚に聞く姿勢を持った相談員であれば、コーディネーターとして十分役割を果たしていることも事実です。

（3）住環境改善にかかわることの意義

住環境改善実施内容は、端的に言って「住宅の改修工事」です。数本の手摺りの取付けから住宅の増築、大改修まで幅広い内容を持っています。極端なケースでは、住まい方のアドバイスや介護機器の使用で解決し、具体的な改修工事を行わずに済んでしまうこともあります。

建築家・技術者の設計事務所経営の観点からみるならば、手間ばかり取られペイする業務でないことははっきりしています。

では、この「障がい者・高齢者の住環境改善」を建築家・技術者が取り組む意義はどのようなことがいえるでしょうか。

高齢化社会を迎え、「住まいは福祉の基本」という考え方がやっと定着しつつあります。「住まいづくり」を担う建築家・技術者にとって、バリアフリーデザインは必須のテーマであり、ニーズを持っている人々や他分野の専門家との協力協同の取組みを通じて謙虚に学ぶ必要があります。

弱者である障がい者・高齢者、また幼児等が使用する建築・施設は圧倒的に多く、「施設づくり」に取り組む上で「住まい」のバリアフリーデザインは、まさにこれらの基本となり学ぶべき課題と言えます。そして、住環境改善に取り組むことは、設計事務所の建築家・技術者が職能を確立する上で、社会の人々の信頼を得る機会としてとらえることができます。社会の「生活者」の信頼の上に事務所経営を追求することが、今後の建築家・技術者の生き延びる一つの道ではないでしょうか。

この取組みは、福祉事業であるから本来、国・自治体が取り組むべき課題であり、民間の設計事務所が取り組むのであれば全額保障（設計監理、コンサルタント料も含み）すべきであることは論じるまでもありません。しかし、国の住宅政策や福祉政策は、残念ながら世界の流れ（国の責任）とは逆行しており、「個人の責任」論から一歩も踏み出していません。だからといって、住宅政策、福祉政策が充実するまで何もせずに待っていればいいのでしょうか。現実には多くの国民、市民が困っている状況があり、私たちの職能・専門性を生かした参加・協力を求めています。そして、共に制度の確立を目指して取り組むことが求められています。それに応えることが重要なのではないでしょうか。

なお、ここ京都の「障がい者・高齢者の住環境改善」に取り組む「市身連」の相談事業の場合、面接相談・自宅訪問、および完了検査の約３回の相談対応に対して13,000円の手当が支給されます。また、設計者の間で手間相応の設計監理コンサルタント料を請求できるケースにおいては請求するようにしています（ほぼ改修工事費の５％を目安として）。

各行政区においては、まちまちですが、社会福祉協議会の補助制度によって、相談員に対して１件につき5,000円の手当が支給されます。必要経費全額までは程遠い状況ですが、「障がい者・高齢者の住環境改善」の取組みが粘り強く地道に続けられたことが市民に認知され、自治体（まだまだ一部ですが）を動かした結果といえます。多くの建築家・技術者が参加できるようにするためには、ボランティア精神は持ち続けても、一定の経費が保障されるまで、国や自治体への働きかけは引き続き必要です。

最後に、「住環境改善」を通じて建築家・技術者が日常の建築の創作活動で考えなければならない点を述べたいと思います。

とかく、建築家・技術者は、「ものづくり」（ハード）の視点から発想しがちであり、住み手や使い手の「生活・暮らし」（ソフト）が全て解っているかの錯覚をもってことを進めてしまうことも多々ありますが、本当にそうでしょうか。人々の「生活・暮らし」は多様であり、社会的なものです。それを総合的に理解するには、私たちの能力には限界があるということをはっきり認識する必要があります。それを理解するには、常に、住み手・使い手及び関係する多分野の専門家との協力・協同の下にすすめることが重要ですし、それはこれからの建築家・技術者に求められる社会的責務といっても過言ではないでしょう。

【蔵田 力】

あとがき

ちょうどこの本の編集が最終段階にさしかかる頃、私たちの身近で二つの大きな自然災害が起きました。たくさんの犠牲者をだした大阪北部地震と西日本の豪雨災害です。大きな災害が起こると、いつも思い起こすのは、〈新建憲章〉の冒頭にある「国土を荒廃から守り」という一文です。国土の荒廃や環境破壊にどれだけ注意をはらい、そうならない努力をしてきたのだろうか。国土の荒廃の一端を担ってしまっているのではないだろうか。いつもそんなことを思いながら仕事や活動をしているわけではありませんが、この一文は、国土やまちや住まいづくりにかかわる私たちのよって立つべき原点であることは違いありません。

この本は、主に京都で活動する26人の建築・まちづくりの専門家が執筆しました。2017年の4月ごろ構想づくりがスタートし、その後、全体と各部を担当する編集委員8人が会議を積み重ね、ようやく出版にこぎつけることができました。今振り返ると、様々な分野で、住み手・使い手・住民との共同に取り組む専門家の悪戦苦闘の記録であるとともに、喜びの記録でもあることを感じます。

大上段にかまえた建築まちづくり論を展開している訳ではなく、ささやかでいわば普通の実践の報告を集めたものですが、建築とまちづくりへの真摯な取組みの一端を感じ取ってもらえれば幸いです。感想やご批判を寄せていただけることを願っています。

最後に、出版にご尽力いただいた天地人企画の有馬三郎さんと編集を直接担当され、多くの貴重なアドバイスをいただいた吉田淳一さんに心から感謝の意を表したいと思います。

2018年7月

執筆者を代表して

久永雅敏

京都の建築・まちづくり 略年表

行政の動き等		住民や専門家の運動		その他	
				60～	公害問題（尼崎、四日市等）
		1964	京都タワー問題	1964	東海道新幹線開業／
1965	「史都計画」（沖種郎）		「京都計画」（西山夘三）		東京オリンピック
1966	「京都市長期開発計画」				
1967	「京都市都市軸計画」（丹下健三）	1967	「市民の暮らしと長期開発計画」（京都市職労）		
				1970	ユネスコ勧告／大阪万博／
		1971	新建京都支部設立		東京で光化学スモッグ発生
1972	「京都市市街地景観条例」			1972	田中内閣「列島改造計画」
1973	「21 世紀の京都」（経済同友会）			1973	オイル・ショック
1976	「京都市伝建地区条例」			1976	建築基準法改正（日影規制）
		80～	マンション反対運動（81 伏見酒蔵跡マンション計画／85 パークテラス嵐山計画／88 白川堤町計画／88 百足屋町計画／他）	1980	建築基準法改正（新耐震基準）
1983	「建都 1200 年京都活性化への提言」（経済同友会）／「京都市基本計画」			1983	「総合設計制度」新設
		83～	まちづくり懇談会などの運動（中京、伏見、西陣、嵯峨太秦）	1984	「建設産業ビジョン研究会」発足
1985	「京都市基本計画」	1985	宝ヶ池西武ホテル計画反対運動／	1985	中曽根民活・規制緩和

86～	ビッグプロジェクト（二条駅、山科駅、北大路ターミナル、京都駅、洛南新都市、高速道路）		「京都明日への提言」（府市民団体協議会）／住民運動交流集会	1986	「前川レポート」／国鉄分割民営化法
		87～	学校統廃合反対運動	86～	地価急騰、バブル
1987	京都市教育委員会『学校は、今…』発行	1987	新建京都支部まちづくり部会発足	1987	建築基準法改正（容積率・道路斜線緩和）
1988	総合設計制度導入	88～	まちづくり憲章運動／まちづくり部会・京大片方グループ共同提案作業（「二条の森構想」、「百足屋町マンション自主設計」）	1988	リゾート法／消費税導入
		1988	「京都計画88」発表／「京のまちづくり連絡会」発足／「都市ビジョンの科学」（西山夘三・片方信也）／大文字山ゴルフ場計画反対運動（89計画断念）		
		1989	一条山開発計画反対運動（92許可取消、2004合意）／	1989	京都市長選（木村万平氏善戦）
			まちづくり政策諸提案（新建、他団体）		
1990	京都ホテル改築計画／京都駅改築コンペ	1990	のっぽビル反対市民連合／「京都駅対策協議会」発足／京都駅コンペ参加者等への公開質問状（新建）	1990	「日米構造協議」最終報告書
		90～	三都フォーラム（奈良、京都、鎌倉）		
		1990	三都フォーラムへの緊急提言（まちづくり部会）／土地住宅メーデー／		
			「明日の中京まちづくりビジョン」（中京まち懇）／白川堤町マンション計画・住民側勝訴／		

	［行政の動き等］		［住民や専門家の運動］		［その他］
1991	学校統廃合（下京5校決定、92洛央小学校開校）	1991	「京都駅市民設計案」（対策協・新建・府大学生）／ポンポン山ゴルフ場計画反対運動（92計画断念）／市身運環境改善相談事業開始	1991	借地借家法改正／バブル崩壊
1992	まちづくり審議会答申／「平成京の創生」（経済同友会）	1992	審議会答申批判（新建）／「ストップ・ザ・京都破壊市民大集会」／「構想計画論研究会」発足（新建）／「高速道路研究会」発足	1992	日本、世界遺産条約に参加
1993	「新京都市基本計画」				
		1994	「送り火アセスメント」（市民会議）	1994	古都京都の文化財世界遺産登録
		1995	「震災支援ネットワーク」結成（新建）／「京都の近代建築を考える会」発足	1995	阪神淡路大震災
		1996	「堀川に清流をよみがえらせる会」		
1997	京都市「鴨川歩道橋架橋整備概要」発表	1997	ポンデザール橋計画反対運動（98計画断念）	1997	京都議定書（COP3）
1998	「職住共存地区ガイドライン」	1998	半鐘山開発計画反対運動（06和解）／都心部マンション第1次調査（まちづくり連絡会）	1998	建築基準法改正（民間開放、性能規定）
2000	リクルートマンション建築審査会付言	2000	リクルートマンション計画反対運動	2000	建築基準法改正
				2002	国立マンション訴訟
2003	「新しい建築ルール」				
2004	竹の里マンション建築審査会付言	2004	「まちづくり合同研究会」（新建、自由法相談）／竹の里マンション計画反対運動	2004	景観法
2005	「時を超え光り輝く京都の景観づくり審議会」発足	2005	葬儀場計画反対運動／船岡山マンション計画反対運動／「構造計算書偽造問題を考え	2005	全総から「国土形成計画」へ／耐震偽装問題発覚

			る会」発足		
2006	景観審議会中間とりまとめ発表／景観審議会最終答申／「新景観政策」発表（07施行）	2006	「京都景観ネット」発足／ 都心部マンション第８次調査	2006	建築基準法、建築士法改正
		2007	「洛西ニュータウン研究会」発足		
2008	京都水族館（仮称）整備構想検討委員会発足			2008	観光庁発足
		2009	梅小路公園水族館計画反対運動／「先斗町まちづくり協議会」設立		
2011	岡崎地区活性化ビジョン策定	2011	京都会館改築計画反対運動	2011	東日本大震災発生／福島第一原発事故
2012	「資産有効活用基本方針」	2012	高野パチンコ店計画反対運動（16計画断念）		
				2013	「インフラ長寿化基本計画」
2014	京都駅周辺地区「高度利用地区」策定			2014	増田寛也氏「自治体消滅リスト」／地方創生推進本部／「国土のグランドデザイン2050」
2015	「京都駅西部エリア活性化将来構想」／「エココンパクトな都市構造……」／「空家条例」／「公共施設マネジメント基本計画」／「まち・ひと・しごと・こころ創生本部」	2015	下鴨マンション計画反対運動		
				2016	熊本地震発生
2016	「宿泊施設拡充・誘致方針」／ 京都市美術館増築計画	2016	二条城バスプール計画反対運動	2017	住宅宿泊事業法（民泊新法）／ 住宅セイフティネット法改正
2018	民泊条例				

（作成：久永雅敏）

執筆者紹介

	氏名	所属	[執筆分担／部：章-節]
*	片方信也	日本福祉大学名誉教授	はじめに／各章の前書き
*	小伊藤直哉	むぎ設計工房建築とまちづくり	Ⅰ:1-1、3-1／Ⅱ:2-3／Ⅲ:3-1
*	久永雅敏	企業組合もえぎ設計	Ⅰ:1-2、2-2／Ⅱ:1-3／Ⅲ:3［コラム］／あとがき／巻末年表
	清水　肇	琉球大学工学部教授	Ⅰ:1-3
	石本幸良	京・まち・ねっと	Ⅰ:2-1、2-3
	田中敏博	田中登記測量事務所	Ⅰ:2［コラム］
*	中林　浩	神戸松陰女子学院大学人間科学部教授	Ⅰ:2［コラム］、3-3、3［コラム］
	石原一彦	立命館大学政策科学部教授	Ⅰ:2［コラム］／Ⅲ:3-3
	宮本和則	㈱京都建築事務所	Ⅰ:3-2
*	吉田　剛	むぎ設計工房建築とまちづくり	Ⅰ:3［コラム］／Ⅲ:2-3
	幸　陶一	㈲タウン測量設計	Ⅰ:3［コラム］
	前川亮二	前川建築事務所	Ⅱ:1-1
	木村忠紀	㈱木村工務店	Ⅱ:1-2
	小林一彦	小林一彦一級建築設計事務所	Ⅱ:1［コラム］
	長瀬博一	㈲長瀬建築研究所	Ⅱ:1-4
	小出純子	ジェイズアトリエ	Ⅱ:1［コラム］
*	川本真澄	企業組合もえぎ設計	Ⅱ:2-1／Ⅲ:2-1、4-1
	平家直美	ユーコート居住者、おうちでコンサート主宰	Ⅱ:2［コラム］
*	富永斉美	㈱京都建築事務所	Ⅱ:2-2
	成宮範子	企業組合もえぎ設計	Ⅲ:1-1
	丹原あかね	むぎ設計工房建築とまちづくり	Ⅲ:1-2、2-2
	岡村七海	地域にねざす設計舎タップルート	Ⅲ:2-4
	榎田基明	企業組合Fuu空間計画	Ⅲ:2［コラム］
	美留町利朗	㈱地域計画医療研究所	Ⅲ:3-2
*	桜井郁子	企業組合Fuu空間計画	Ⅲ:3［コラム］
	蔵田　力	地域にねざす設計舎タップルート	Ⅲ:4-2

（＊は本書編集チームのメンバー）

新建築家技術者集団・京都支部

新建築家技術者集団（略称「新建」）は、戦前・戦後の建築運動の伝統を受けつぎ、1970年に設立されました。新建の会員は、現在全国各地にある25の支部に所属し、活動していますが、京都支部もその一つです。本書の執筆者の多くは京都支部に所属し、京都を中心に「生活派の建築創造、住民派のまちづくり」の実現に向けて仕事や運動を展開しています。会員には、建築の設計・施工、土木・都市計画、研究者やまちづくりに関わる人たちなど、いわば「建築人」とも呼べる多彩な人たちが加わっています。

［連絡先］Eメール：office@shinken-kyoto.org

新建叢書②

すまい・まちづくりの明日（あした）を拓（ひら）く――京都（きょうと）の実践（じっせん）

2018年9月10日　第1刷発行

定価はカバーに表示してあります

編　者　新建築家技術者集団・京都支部

発行者　有馬三郎

発行所　天地人企画

〒134-0081 東京都江戸川区北葛西4-4-1-202

電話／Fax 03-3687-0443　振替 00100-0-730597

印刷・製本　㈱光陽メディア　　装丁　㈲VIZ中平都紀子

ISBN 978-4-908664-05-2 C0052

新建叢書の発刊にあたって

新建築家技術者集団（略称「新建」）は、戦前・戦後の建築運動の伝統を受け継いで、1970年に設立されました。私たちは日々の仕事や地域活動を通して、国土を荒廃から守り、住民のための住みよい豊かな環境を創造するという理念の実現に努めています。また、建築家技術者としての知見を社会に広め、市民・住民と共有するために、機関誌「建築とまちづくり」を発行し、設立20周年には『生活派建築宣言』を、40周年には『社会派建築宣言』を刊行しました。この度、こうした活動をさらに発展させて、建築まちづくりの諸課題を、テーマごとに掘り下げた「新建叢書」を発行することになりました。

昨今は、世の中が低成長の時代になり、高度成長期のような建設ラッシュは過去のものとなり、地球環境保護の観点から開発を抑制する考えが広まっています。にもかかわらず、大規模開発や巨大な建築を是とする考えが根強く残っており、リニア新幹線や原子力発電はその一例です。一方、人びとの生活環境向上の課題は山積しています。

私たち建築技術者は、いま、優れた先人が持っていた「ものづくり」に対する情熱、知識、技術を真摯に学び発展させ、もって国民の生活空間向上に貢献することが求められています。実践から得た知識や経験を伝え、今後のあり方や方向性をともに考えるのが「新建叢書」発刊の目的です。

読者のみなさま、とりわけ未来を担う若い世代の人々に歓迎されることを願ってやみません。

新建叢書出版委員会